Kai Hensel

Terminal

Kai Hensel

Terminal

Roman

Unionsverlag

Im Internet
Aktuelle Informationen, Dokumente und Materialien
zu Kai Hensel und diesem Buch
www.unionsverlag.com

Neptunstrasse 20, CH-8032 Zürich
Telefon +41 44 283 20 00
mail@unionsverlag.ch

Umschlagfoto: Lex Rayton (Alamy Stock Foto)
Umschlaggestaltung: Sven Schrape
Satz: Greiner & Reichel, Köln
Druck und Bindung: Pustet, Regensburg
ISBN 978-3-293-00566-2

Der Unionsverlag wird vom Bundesamt für Kultur mit einem
Verlagsförderungs-Strukturbeitrag für die Jahre 2021–2024 unterstützt.

Auch als E-Book erhältlich

*»Hoffnung ist nicht die Überzeugung,
dass etwas gut ausgeht, sondern die Gewissheit,
dass etwas Sinn hat, egal wie es ausgeht.«*

VÁCLAV HAVEL

*»Bei straffer Behördenarbeit kann der Flughafen
im Jahr 2000 eröffnet werden.«*

MATTHIAS PLATZECK,
Brandenburgischer Umweltminister, 1991

20. JULI 2005

Diese Minuten gehörten nur ihm.

Links und rechts von ihm standen Männer in Anzug und Krawatte, mit roten Spaten in der Hand. Eine Kapelle spielte, am Rande seines Blickfeldes kroch ein kleiner Junge durch die Absperrung. Eben hatte er seine Rede gehalten: Berlin … Weltstadt … internationales Drehkreuz … Region, Wachstumsschub … Keine große Rede, keine, an die man sich als eine seiner bedeutenden Reden erinnern würde. Aber die Menschen hatten sich gefreut, ihn zu sehen. Schon auf dem Weg vom Dienstwagen zur Tribüne hatte er Hände geschüttelt und Autogramme gegeben. Andere, die weiter wegstanden, hatten ihm zugewunken und seinen Namen gerufen. Am Ende der Rede hatte er sich einen Seitenhieb geleistet, auf den Flughafen München und die Probleme mit dem Bahnzubringer. Die Leute hatten gelacht und applaudiert, der Seitenhieb würde die Runde machen, vielleicht abheben zum geflügelten Wort. Alles würde von heute an abheben, wachsen zu einer Größe und Modernität, von der sich die meisten Berliner, da machte er sich keine Illusionen, noch keine Vorstellung machten.

Ein heißer Julimorgen. Die Männer standen bereit mit ihren Spaten. Die Kapelle spielte immer noch, ein Schweißtropfen lief ihm ins Auge. Einen Moment verschwamm das Bild vor seinen Augen: Märkischer Sandboden, ausgedörrtes Gras, Weite bis zum Horizont. Noch stand hier nichts, noch war alles Planung, Aufbruch, Vision. Aber in wenigen Jahren würde sich hier der modernste Flughafen erheben, mit Terminals und Landebahnen, umringt von Hotels, Einkaufszentren, Hightech-Unternehmen. Seine Vision würde sich bis zum Horizont erstrecken, er sah sich jetzt und in fünf Jahren, die Welt zu Gast, dann würde eine Kapelle nicht mehr reichen, die Berliner Philharmoniker müssten es schon sein oder Marius Müller-Westernhagen, nachher gleich mal anrufen, die Privatnummer hatte er im Handy …

Bewegung, anfeuernde Rufe – jetzt hatte er tatsächlich das Signal überhört. Umso kräftiger stieß er seinen Spaten in den Sand. Er wusste, dass er jünger und dynamischer wirkte als die Männer neben ihm, dass sein Anzug besser saß und alle Kameras auf ihn gerichtet waren. Kraftvoll warf er eine Schippe in die Luft, das Sonnenlicht brach sich in den Sandkörnern. »Hier!«, riefen die Kameraleute, er winkte, stieß erneut zu und warf den Sand in ihre Richtung. Er wusste, dass auf den Bildern alles leicht aussehen würde, spielerisch, keine Anstrengung würde man ihm ansehen, nicht wie bei den anderen, die schnaufend mit ihren Spaten hantierten. »Noch einmal, Herr Bürgermeister!« Er war stärker als jeder Widerstand! Er lachte, warf für die Presseleute die Schippe hoch in die Luft.

14. NOVEMBER 2012

Sie hatte etwas gesehen.

Sie saß auf einem Gepäckband, keuchend, sie wusste nicht, wie sie hierhergekommen war. Ein Lüftungsrohr hing von der Decke wie eine erhängte Schlange. Aus dem Fußboden quollen Kabel wie Gedärme, blanke Drähte ragten in die Luft.

Sie versuchte aufzustehen, ihre Beine gaben nach, sie sank zurück auf die Gummimatte. Oben hörte sie Lachen. Sie musste zu den anderen, ihnen sagen, was sie gesehen hatte! Sie drückte sich hoch, schwankte, stand, wischte sich Schweiß von der Stirn. Versuchte, die Bilder in ihrem Kopf festzuhalten: Schatten, Blitze. Sie ging auf die Rolltreppe zu, hielt sich an einem Stapel Kalksandsteinquadern fest, schloss die Augen. *Erinnere dich! Was hast du gesehen?* Sie stolperte, die Rolltreppe war zu kurz, sie trat auf eine herausgebrochene Fliese. Sie fuhr, den Griff umklammert, in die Abflugebene. Da waren die Check-in-Schalter aus Nussbaumfurnier, in Plastik gewickelte Monitore, das Panoramafenster, grauer Himmel über dem Flugfeld ... Wieder hörte sie das Lachen, näher jetzt, sie stolperte durch die Sicherheitsschleuse, Schwindel, flaues Gefühl im Magen, was hatte sie gesehen?

Da saßen ihre Kollegen, stießen mit Bierflaschen an, überall lagen Skizzen und Papiere. »Regenwasser kniehoch im Schacht!«, rief einer oder »Lichtschalter hinter den Bodenleisten!« Das war ihr Wettbewerb gewesen, die letzten

Wochen, wer entdeckt den lustigsten Mangel? Es hatte sie angefeuert und vorangetrieben, immer tiefer in die Eingeweide des Flughafens. Aber keiner hatte gesehen, was sie gesehen hatte.

Gesine blickte auf. Auf ihrem Gesicht malte sich Entsetzen: »Wie siehst du aus?!«

Alle blickten zu ihr, das Lachen verstummte.

»Verdammt, was ist passiert?«, rief Harald.

»Ich habe …«

»Du bist rot wie eine Tomate!«

Ihre Beine knickten ein, ihre Kollegen stürzten auf sie zu, fingen sie auf, sie hörte:

»Atmen! Atmen!«

»Unten die Schächte!«

Sie sank auf einen Stapel Dämmplatten, jemand hielt ihr eine Flasche Wasser an den Mund, Gesine hielt ihren Arm, ihren Kopf. Wasser lief ihr Kinn hinunter, sie sagte: »Wir müssen noch mal nach unten …«

»Sieht aus wie Kohlenmonoxidvergiftung.«

»Trink … Atme …«

»Wir müssen nach unten!«, schrie sie und stieß die Wasserflasche weg. »Da ist noch was! Es ist nicht vorbei!«

ERSTER TEIL

Einige Jahre später

»Hätte ich bloß Flügel, träumte die Schlange,
so könnte ich noch schneller kriechen!«

MICHAIL GENIN

1

»Wer nachts um drei Pizza bestellt, hat ein Problem. Du kannst ihm Pizza liefern. Aber du kannst sein Problem nicht lösen.«

Jana fuhr auf der Gitschiner Straße Richtung Osten. Sie hatte die Straße fast für sich allein. Weil es weit nach Mitternacht war, das Thermometer minus acht Grad zeigte und halb Berlin krank im Bett lag.

»Die Leute denken, sie haben eine Thunfischpizza bestellt und zwei Dosen Red Bull«, hörte sie Ahmads Stimme. »Aber dann stehst du vor ihrer Tür, jung, frisch, Mädchen aus der Provinz. Sie denken: ›Scheiße, eigentlich hab ich ein neues Leben bestellt.‹ Du bist aber nicht ihr neues Leben. Du lieferst bloß Fett, Kohlehydrate, Koffein, damit ihr altes Leben irgendwie weiterläuft.«

Manolo hatte ihr den Job nicht geben wollen. Zu jung, zu weiblich, zu Ruhrgebiet. Und konnte sie überhaupt Motorrad fahren? Seine Kuriere waren nicht auf Mopeds unterwegs, sondern auf Honda-Leichtkrafträdern; er erwartete, dass sie den Vorteil nutzten. »Was willst du überhaupt in Berlin? Erzähl mir nicht, du planst irgendein Projekt.« – »Ich muss zehntausend Euro verdienen, dann haue ich ab.« Manolo hatte ihr eine Probeschicht gegeben. Neun Stunden später, um sieben Uhr morgens, hatte sie mehr Bestellungen ausgeliefert als alle anderen und zwischendurch den Bowdenzug eines Kollegen repariert. Manolo hatte gesagt, sie könne bleiben.

Sie bog Richtung Süden in die Baerwaldstraße. Bäume ohne Laub, Straßenlaternen im Dunst, Altbauten, in denen hier und da Licht brannte. Grippe-Epidemie, hieß es in den Zeitungen. Jana war gesund. Als einzige Kurierin war sie diese Nacht zur Schicht erschienen; Manolo hatte behauptet, das sei noch nie vorgekommen. Es bedeutete, dass die *Pizzeria Insomnia* diese Nacht die meisten Bestellungen ablehnen musste. Die wenigen Stammkunden, die beliefert wurden, brauchten Geduld.

Sie parkte ihr Motorrad, holte Pizzakartons und Weinflasche aus der Transportbox und klingelte an einem Messingschild.

»Eine Pizza Primavera mit doppelt Guarana, eine Flasche Pinot Grigio.«

Sie stand vor einem jungen Mann mit randloser Brille und Ziegenbart, der die Pizzakartons anstarrte wie ein Süchtiger seinen Stoff.

»Einundzwanzig Euro.«

Er hielt ihr ein paar Scheine hin. »Behalten Sie den Rest. Gute Fahrt.«

Egal was Ahmad behauptete: Die meisten Kunden waren, auch wenn sie mitten in der Nacht Pizza mit doppelt Guarana bestellten, nicht gestört. Krankenschwestern im Schichtdienst. Architekten vor einer Präsentation … Der eben konnte Referendar gewesen sein, der trotz Krankheit Klausuren korrigierte.

Landwehrkanal. Weißer Neubau, große Fenster, Terrassen, von denen Pflanzen hingen. Vor der Eingangstür stand ein Kinderfahrrad aus Karbon, mit schwerem Schloss gesichert. Neben den Klingeln ein Aufruf, Solidarität mit irgendwas.

»Ja, bitte?«, hörte Jana aus der Gegensprechanlage.

Die Frau im geblümten Bademantel, die am Ende des Ganges wartete, lächelte. Ihre Lippen waren eingecremt. Die Augen glänzten. Das Alter war, wegen der Fettcreme in ihrem Gesicht, schwer zu schätzen. »Bulimiker«, hatte Ahmad gesagt, »sind nicht immer dünn. Du erkennst sie an den Rissen im Mundwinkel vom Kotzen. Fingernägel meistens kurz, weil das Reinstecken sonst wehtut. Dann die Stimme, belegt, als ob die Kotze gleich wieder hochkommt.«

»Endlich!«, sagte sie mit heiserer Stimme. »Wir feiern gerade eine kleine Party. Und plötzlich hatten alle Lust auf etwas Süßes!«

Raumduft wehte Jana entgegen, Kiefernnadel oder nordische Tundra (»zum Überdecken des Kotzgeruchs«).

»Manchmal ist das so, nicht wahr? Man feiert ausgelassen, es ist spät, plötzlich haben alle Appetit auf etwas Süßes. Manchmal muss man sich das gönnen.«

»Absolut«, sagte Jana und stellte fünf Alupackungen Tiramisu vor die Wohnungstür, aus der kein Laut kam.

»Werden Sie nicht krank?«, fragte die Frau, während sie in ihrem Portemonnaie kramte.

»Noch gehts.«

»Amüsieren Sie sich auch manchmal? Ich habe das Gefühl, die jungen Leute sind nur noch am Strampeln. Wie alt sind Sie?«

»Neunzehn.«

»Sie brechen zusammen, bevor Sie dreißig sind.«

»Dann habe ich noch zehn Jahre.«

»Machen Sie Witze?« Die Frau gab Jana einen Geldschein, ihre Finger waren eiskalt. »Kein Wechselgeld, ich bitte Sie. Wenn Sie nach Hause kommen – gönnen Sie sich etwas. Belohnen Sie sich.«

»Ich denk dran.«

»Ich sehe diese Fälle in meiner Praxis. Die jungen Leute verlieren den Kontakt zu ihrer inneren Stimme.«

Draußen setzte sich Jana auf ihr Motorrad, setzte den Helm auf, zog die Handschuhe über. Ob die Frau Hilfe brauchte? Vielleicht sollte Jana umdrehen, klingeln, fragen, ob ihr etwas fehlte? Doch wieder hörte sie Ahmads

Stimme: »Werd nie mit den Kunden vertraulich. Als Pizzakurier brauchst du professionelle Distanz, sonst gehst du kaputt.« Er hatte recht. Die Frau hatte gutes Trinkgeld gegeben, der Rest ging sie nichts an.

Auf der Hasenheide beschleunigte sie. Nichts als Kälte und grüne Ampeln. Sie fühlte einen seltsamen Schauer von Macht. Als ob sie die Stadt kontrollierte, als ob sie ihr gehörte. »Pass auf, dass du dich nicht verirrst«, hatte ein Kunde gesagt. »Wärst nicht die Erste, die mit großen Plänen nach Berlin kommt und versumpft.« Jana hatte nicht vor zu versumpfen. Sie kannte ihre Richtung und ihr Ziel. Ihr Leben konnte besser sein, keine Frage. Aber vor allem deutlich schlechter.

2

Es ist alles lange her«, sagte Staatssekretär a. D. Günter Treskeit und schwenkte Weinbrand in seinem Glas.

»Aufregende Zeiten«, sagte Pankelow. »Damals wurden die Weichen gestellt. Entscheidungen getroffen, die bis heute wichtig sind. Sie, Herr Staatssekretär, waren der starke Mann im Hintergrund.«

»Zu viel der Ehre.«

»Sie hatten den Weitblick. Sie wussten, worauf es ankommt.«

Im Kamin knackten Holzscheite. In der Diele schlug eine Standuhr. Treskeit saß in seinem Ohrensessel, den dürren Körper in eine Strickweste gehüllt, die Beine unter einer Wolldecke.

»Der gute Goldbrand«, sagte er und nippte an seinem

Glas. »Was haben wir dieses Zeug in uns reingeschüttet. Nach der Wende war er jahrelang nicht zu bekommen. Heute stellen sie ihn wieder her. Aber er schmeckt nicht mehr. Nicht wie früher, als ich jung war.«

»Wir werden alle älter«, sagte Pankelow.

»Sie nicht.« Treskeit betrachtete Pankelow über den Rand seiner Messingbrille. »Sie sind immer noch der jugendliche Typ. Wie viele Jahre sind vergangen seit Ihrem Rücktritt? Man sieht Sie kaum noch. Nicht im Fernsehen, nicht in der Zeitung.«

»Mir sind diese Sachen nicht mehr wichtig.«

»Tatsächlich?« Treskeit kicherte. »Oder sind Sie den Medien nicht mehr wichtig?«

Pankelow prostete ihm zu, wie in Anerkennung eines guten Scherzes. Drehte sich zu Sam, um ihn zum Mitlachen zu animieren. Doch der saß abseits auf einem weniger bequemen Stuhl und starrte in sein volles Glas.

»Was ich sagen will«, sagte Pankelow. »Mit dem Alter verschieben sich die Perspektiven. Der innere Blick wird scharf. Für das, was im Leben wirklich zählt.«

»Ich bin zweiundachtzig. Ich sehe nicht mehr viel.«

»Wir sehen, worauf es eigentlich ankommt.«

»Sie glauben, es gibt für meinen inneren Blick noch Hoffnung? Auf was, wenn ich fragen darf, hoffen Sie?«

»Auf die Wahrheit, Herr Staatssekretär. Dass sie eines Tages ans Licht kommt.«

»Nennen Sie mich nicht Staatssekretär.«

»Sie haben recht. Ich müsste Sie Minister nennen. Ministerpräsident. Das hätten Sie werden müssen, wir wissen es beide. Ohne das, was damals passiert ist, diese Schändlichkeit, diesen Skandal ...«

»Ich erinnere mich an keinen Skandal.«

»Skandal trifft es vielleicht nicht. Dazu lief die Sache zu geräuschlos ab, zu hinterhältig. Trotzdem, in Berlin waren wir alle fassungslos. Verabschiedung in den Ruhestand, ohne Festakt, ohne Verdienstkreuz …«

»Ich bin gescheitert, Herr Pankelow.«

»Einer der besten Männer, die Brandenburg je hatte …«

»In allem bin ich gescheitert.« Treskeit hob sein Glas. »Genau wie Sie.«

Seit einer halben Stunde saßen sie in diesem überheizten Kaminzimmer und tranken klebrigen Weinbrand. Pankelow schmeichelte dem alten Mann, dicht an der Schwelle zur Penetranz. Aber er überschritt die Schwelle nicht. Und meist, musste Sam zugeben, hatte er mit seiner Taktik Erfolg. Doch bei diesem Staatssekretär war er noch nicht weit gekommen.

»1990«, sagte Pankelow, »Beginn der Standortsuche für den Flughafen. Die Genshagener Heide und Parchim schieden schnell aus. Zwei Jahre später waren nur noch drei Standorte in der engeren Wahl: Sperenberg, Schönefeld, Jüterbog-Ost.«

»Sperenberg!«, rief Treskeit. »Sperenberg hätte es werden müssen! Vielleicht noch Jüterbog-West. Aber niemals Schönefeld!«

»Alle wussten das. Die Gutachten waren eindeutig. Ebenso das Raumordnungsverfahren. Schönefeld war als Standort für den neuen Flughafen ungeeignet.«

»Komplett! Der Lärmschutz! Die Umsiedlung ganzer Dörfer! Kein 24-Stunden-Betrieb, den Sie für ein Drehkreuz nun einmal brauchen …«

»Aber dann hätten Sie auch eine dritte Landebahn gebraucht.«

»Keine Kapazität!« Treskeit ruckte nach vorn. »Schönefeld war unbrauchbar. In jeder Hinsicht. Noch einen Goldbrand?«

Pankelow leerte sein Glas und hielt es ihm hin, als könne er einen weiteren Schluck dieser Köstlichkeit kaum erwarten. Treskeit ließ es sich nicht nehmen, sich selbst aus seinem Sessel zu stemmen und die Gläser vollzuschenken – aus einer Kristallkaraffe, die alt und teuer aussah.

»Es ist schön, nach so langer Zeit Besuch zu bekommen«, sagte er, sank zurück und wickelte seine Beine in die Decke. »In Erinnerungen schwelgen. Keinen angenehmen Erinnerungen, gewiss nicht. Aber wir müssen in den Erinnerungen schwelgen, die wir haben, nicht wahr?«

»Wir sind Ihnen dankbar, dass Sie sich Zeit für uns nehmen«, sagte Pankelow.

Sie hoben die Gläser, nickten sich zu und tranken. Vor dem Fenster ließ sich ein Vogel in der Tanne nieder, pickte an einem Futterkranz. Sam kannte Pankelows Masche: Bald würde er anfangen, von verpassten Chancen zu reden. Den Lügen der Presse. Verrat der Genossen. Schäbigkeit des politischen Gegners. Und dass die wenigen Übriggebliebenen, Aufrechten zusammenstehen und sich wehren mussten.

»1996«, sagte Pankelow, »für alle überraschend der berüchtigte Konsensbeschluss. Die beteiligten Bürgermeister und Ministerpräsidenten von –«

»Unbedeutende Männer«, sagte Treskeit. »Alle vergessen.«

»Völlig Ihrer Meinung. Die politisch Verantwortlichen waren ihrer Aufgabe nicht gewachsen. Wie sonst war die Entscheidung für Schönefeld zu erklären? Gegen den Rat aller Experten! Die Einsprüche der Fluggesellschaften, die Proteste der Anwohner!«

»Vergessen!« Treskeit fuchtelte mit dem Arm.

»Von Anfang an gab es allerdings Gerüchte. Bei der Entscheidung, hieß es, sei es nicht mit rechten Dingen zugegangen. Geld sei geflossen, in dunkle Kanäle. Das Gerücht von Korruption machte die Runde. Konkret ging es um den Ankauf von einhundertachtzehn Hektar Bauland zu massiv überhöhten Preisen. Sie erinnern sich?«

»Dunkel.«

»Fünfhundert Millionen D-Mark. Für Bauland, das letztlich nie gebraucht wurde. Aber es lag in Schönefeld. Und gekauft wurde es schon 1992 – vor den Gutachten, vor dem Raumordnungsverfahren. Bevor die Entscheidung gefallen war, hatten Eingeweihte bereits mit Grundstücken und öffentlichen Geldern spekuliert. Eingeweihte, die nah an den Entscheidungsträgern waren. Und ihre Spuren so geschickt verwischten, dass die Sache nie aufgeklärt wurde.«

Treskeit kratzte seinen weiß behaarten Schädel.

»Nicht einmal ein Untersuchungsausschuss brachte Licht ins Dunkel. Weil wichtige Akten fehlten. Zwanzig Ordner, mindestens, über die Zeit von 1992 bis 1996. Verschwunden! Aus dem Ministerium, in dem Sie Staatssekretär waren!«

»Ist das möglich«, sagte Treskeit.

»Verstehen Sie mich nicht falsch: Niemand konnte sich vorstellen, dass Sie, ein Mann der reinen Weste und harten Hand, in diese Sache verwickelt waren. Trotzdem wurden Sie in den Ruhestand geschickt. Ohne Sang, ohne Klang. Zurück blieb die Flughafengesellschaft mit einem Finanzloch von fünfhundert Millionen D-Mark. Von nun an musste gespart werden, bis es quietscht. Auch an Stellen, an denen nie hätte gespart werden dürfen. Der Grundstücksskandal ist die Ur- und Erbsünde. Dieser Flughafen, der Milliarden und immer neue Milliarden kostet, der die Karrieren von Politikern und Unternehmern ruiniert … Er ist nicht zu verstehen ohne das, was damals geschah.«

Im Kamin brach ein Holzscheit auseinander, Funken stoben. Treskeit strich mit seiner blau geäderten Hand über die Wolldecke, als läge dort eine Katze. »Warum, Herr Bürgermeister, sind Ihnen diese Dinge heute wichtig?«

»Sie müssen jedem wichtig sein, dem Berlin und Brandenburg etwas bedeuten.«

»Glauben Sie, man hat Ihnen damals unrecht getan?«

»Politik ist selten gerecht.«

»Als ich in den Ruhestand geschickt wurde, stand ich zwei Jahre vor meiner Pensionierung. Minister wäre ich nicht mehr geworden, meine Karriere hatte ihren Höhepunkt erreicht. Aber Sie? Sie waren jung. Aufwärts sollte es gehen, in die Bundespolitik, bis ganz nach oben. Und dann? Sind Sie gefallen. Bodenlos, ins Nichts. Heute kennt man Sie kaum noch. Ein Name, der den Jüngeren nichts mehr sagt. Aber nicht wegen des Flughafens sind Sie gestürzt.« Er beugte sich vor. »Soll ich Ihnen sagen, was Sie zu Fall gebracht hat?«

Pankelow, sein Glas in der Hand, blickte ihn auffordernd an.

»Sie waren nie Bürgermeister. Sie haben den Bürgermeister nur gespielt. Ein Leichtfuß waren Sie. Ein Bruder Luftikus.«

»Haha!«

»Gefeiert haben Sie! Die Nächte durchgetanzt! Wie war Ihr Sprüchlein, das Sie berühmt gemacht hat? Hungrig, aber nackig? Nackig, aber nicht tot? Vergessen, alles vergessen! Der richtige Mann zur richtigen Zeit, hieß es bei den Genossen. Aber für Politiker, die ihr Amt nicht im Griff haben, die keine Akten lesen, die Sprüche klopfen, aber nicht entscheiden – für die gibt es keine richtige Zeit!«

»Die gemeinsame Verantwortung …«

»In Potsdam haben wir die Hände über dem Kopf zusammengeschlagen. Bürgermeister? Dieses Windei?« Treskeit schlug seine Hand gegen die Stirn. »Ein Willy Brandt, ein Weizsäcker waren Sie nicht. Nicht mal ein Diepgen. Flach waren Sie! Flach wie eine Mecklenburger Flunder!« Er leckte sich die Lippen, schnalzte mit der Zunge, endlich schien ihm der Goldbrand zu schmecken.

Pankelow saß im Sessel, die Beine übereinandergeschlagen. Sein Lächeln war festgefroren. Er blinzelte, die Augenlider zuckten.

»Was die Ordner angeht«, sagte Treskeit, »ich habe sie nicht.«

»Könnten Sie – «

»Nein.«

»Oder ob – «

»Weg sind sie. Vernichtet. Vor Jahren verbrannt.«

Die Holzscheite knackten. Treskeit hatte Sam die ganze Zeit kaum beachtet. Nun wandte er sich an ihn: »Nun, junger Mann? Aus dem Land des Lächelns kommen Sie wohl nicht?«

»Ich komme aus Bonn«, sagte Sam.

»Da kann einem allerdings das Lachen vergehen.«

»Herr Yun studiert Mathematik und Informatik an der Freien Universität Berlin«, sagte Pankelow. »Er ist mir eine große Hilfe.«

»Wobei?«

»Auch er sucht nach der Wahrheit.«

»Noch so ein Windei.«

»Er hat das beste Abitur seines Jahrgangs gemacht. Er ist Stipendiat der Studienstiftung Deutsches Volk.«

»Bedeutet alles nichts.«

»Wir sind hier wegen der Ordner«, sagte Sam.

»Wie gesagt, ich habe sie nicht.«

Treskeit stemmte sich aus dem Sessel. Hielt sich einen Moment den Rücken, das Gesicht verzerrt. Dann richtete er sich auf, den Stock, der an seinem Schreibtisch lehnte, brauchte er nicht. »Gern würde ich mit Ihnen länger über vergangene Zeiten plaudern. Aber ich bin ein alter Mann. Ich ermüde schnell. Bevor ich Sie zur Tür bringe, gebe ich Ihnen einen Rat: Leben Sie mit dem, was Sie nicht ändern können. Der Flughafen war zu groß für Sie. Eine

Randnotiz in den Geschichtsbüchern, mehr war Ihr Leben nicht wert. Treten Sie in Unterhaltungssendungen auf. Wo ausrangierte Prominente im Urwald sitzen und Insekten essen. Ich sitze hier, trinke meinen Goldbrand und wähle Sie zum König!«

Er kicherte, hustete, Pankelow sprang auf und wollte ihn stützen. Treskeit wehrte ihn ab und deutete zur Tür.

Sam blieb sitzen. »Herr Pankelow, lassen Sie mich einen Moment mit dem Staatssekretär allein?«

»Sie sollten beide gehen.« Treskeit betupfte seine Augen mit einem Taschentuch.

»Es dauert nicht lange«, sagte Sam.

Pankelow zögerte, blickte zwischen den beiden hin und her. Sam nickte Richtung Tür.

»Nun gut«, sagte Pankelow, »genieße ich ein wenig die frische Brandenburger Luft.« Einige Augenblicke hörte man ihn in der Garderobe, dann fiel die Haustür ins Schloss.

Treskeit lehnte sich an den Schreibtisch und betrachtete Sam aufmerksam. »Bonn also.«

»Bad Godesberg.«

»Haben Sie sich im Osten ein wenig integriert?«

»Nicht einfach. Gibt Widerstände. Wichtig ist, dass man nicht aufgibt.«

»Die richtige Einstellung. Wie alt sind Sie?«

»Vierundzwanzig.«

»Ich war immer der Meinung, die Zeit zwischen achtzehn und fünfundzwanzig ist die wichtigste im Leben eines Mannes. Die Weichen werden gestellt, Fehler, die Sie jetzt machen, können Sie nie mehr korrigieren.«

»Ich mache keine Fehler.«

»Eine kühne Behauptung.«

»Das mit der flachen Flunder hätten Sie besser nicht gesagt.«

Treskeit hob die Brauen, überrascht von der Härte in Sams Stimme. »Ganz so einsam, wie Sie denken mögen, bin ich hier draußen nicht. Ein paar Dinge kommen mir zu Ohren. Was Ihr Bürgermeister in Berlin treibt. Was er vorhat, mit seiner geheimen Firma. Wahnsinn, vollkommener Wahnsinn. Warum stoppt ihn niemand? Sie sind ein intelligenter junger Mann. Sie gehen Ihren Weg, das spüre ich. Binden Sie sich nicht an Menschen, die ihre Zukunft hinter sich haben. Und die eine zweite Chance nicht verdienen.«

»Schöne Villa haben Sie.«

»Damals war sie erschwinglich.«

»Auch der Porsche vor der Garage.«

»Ich fahre ihn kaum noch.«

»Muss Geld gekostet haben.«

»Ich beziehe eine Pension.«

»So hoch?«

»Ein alter Mann braucht nicht viel.«

»Sie waren der Kopf hinter dem Grundstücksdeal.«

»Verleumdung.«

»Wo sind die Ordner?«

Treskeit griff in die Tasche seiner Weste. Sam sprang auf, packte die Hand. Er hatte mit einer Waffe gerechnet, doch nur ein Mobiltelefon fiel auf den Teppich. Sam packte den Hemdkragen des alten Mannes, die oberen Knöpfe rissen ab und gaben den Blick auf dünnes, weißes Brusthaar frei.

»Angenommen, Sie haben die Ordner doch«, flüsterte er in Treskeits Ohr. »Angenommen, es besteht die winzige Möglichkeit, dass sie in diesem Haus sind. Muss ich nicht, wenn sie mich weiterbringen auf meinem Weg, alles tun, um sie zu bekommen? Jede Wand niederreißen? Das ganze Haus, wenn es sein muss?« Sam drehte den Kragen fester, der Stoff drückte auf die Adern. Treskeit röchelte, Speichel lief aus seinem Mund. »Haben Sie mal zugesehen, wie ein altes Haus abgerissen wird? Hier fällt eine Wand, da stürzt eine Decke ein. Der Schmutz bröckelt raus. Von außen sah die Villa noch gut aus, jetzt sieht man, wie morsch alles ist und zusammengepfuscht. Wie es stinkt, wenn Würmer aus dem Holz kriechen. Der Bagger schlägt gegen den Giebel, die Rohre platzen, die Kacheln splittern …« Das Gesicht des alten Mannes färbte sich blau. »Man stellt sich vor, wie das wäre, wenn die Villa ihrem eigenen Abriss zusehen kann. Die letzten Augenblicke, was für ein Haufen Dreck sie war … Die Schuttlaster stehen bereit und eine Planierraupe. Alle stehen drum herum und sehen dem Abriss zu … Die freuen sich, dass diese beschissene Villa endlich verschwindet.«

3

Was ist gestern passiert?«, fragte Manolo und bestreute eine Pizza mit Chia-Samen.

»Nichts ist passiert«, sagte Jana.

Sie standen in der Küche der Pizzeria. Mehlstaub hing in der Luft, es roch nach Tomaten, Oregano, geschmolzenem Mozzarella.

»Gab ’ne Beschwerde. Vom Hausboot.«

»Vom Hausboot? Ich habe die Frau gerettet. Okay, nicht gerettet, aber …«

Jana hatte am Ufer gestanden und wollte die Pizzen wie bestellt unter den Steg legen. Sie hatte vom Hausboot Schreie gehört, Zerbrechen von Gläsern. Eine Frau hatte gerufen, sie sei eingesperrt und bräuchte den Schlüssel. Zuerst hatte Jana daran gedacht, die Polizei zu rufen. Aber erstens hätte das zu lange gedauert, zweitens: Die Situation hatte sich als harmlos herausgestellt. Die Frau, alt und gebrechlich, lebte auf dem Hausboot mit ihrem Kater. Er hatte den Schlüssel wie eine Beute versteckt und randalierte nun, weil er nicht rauskonnte. Aber es gab einen Ersatzschlüssel, unter der Plane des Steuerrads. Jana war über die Reling geklettert, hatte den Schlüssel gefunden und die Tür aufgeschlossen. Der Kater war geflüchtet, die Frau – klein und ausgezehrt, mit verwirrten grauen Haaren – hatte gesagt, bei der Kälte komme er bestimmt bald wieder, und sich herzlich bedankt.

»Das war alles«, schloss Jana.

»Das ist nicht alles.« Manolo schöpfte Tomaten-Taurin-Soße aus der Schüssel und verteilte sie auf dem Teig. »Die Frau ist dement. Sie lebt bei ihrem Sohn auf dem Hausboot, weil er keinen Heimplatz findet. Wenn er arbeitet, schließt er sie ein. Er hat sie heute Morgen halb erfroren unter der Stubenrauchbrücke gefunden.«

»Oh.«

»Eine Stunde später wärs zu spät gewesen.«

»Das wusste ich nicht.«

»Du solltest die Pizzen unter den Steg legen.«

»Da wären sie festgefroren.«

»Was geht dich das an? Wenn er von der Arbeit kommt, macht er sie heiß.«

»Ich hatte nicht den Eindruck, dass die Frau dement ist. Ich dachte –«

»Wie alt bist du?«

»Bald zwanzig.«

»Schlechte Antwort! Bald ist diese Pizza ein Haufen Scheiße in einer Kloschüssel! Jetzt ist sie eine Pizza Insomnia Detox! Du bist neunzehn! Du bist seit zwei Wochen in Berlin! Du kommst aus einem Dorf in Westdeutschland –«

»Bottrop.«

»Du verstehst nichts von dieser Stadt. Du hilfst niemandem, wenn du dich in Dinge einmischst, die dich nichts angehen.« Er schob die Pizzen in den Ofen, streute Mehl über die Arbeitsplatte.

Manolo hieß eigentlich Miroslav und kam aus Bulgarien. Jana wusste wenig über ihn, außer dass er in seiner Jugend politisch aktiv gewesen und wegen eines Flugblatts vom bulgarischen Geheimdienst verhört worden war; seitdem hatte er ein schiefes Kinn und konnte das rechte Handgelenk nicht richtig bewegen.

»Eine einfache Regel«, sagte er. »Mach deinen Job. Nichts als deinen Job. Wie ist Ahmads Spruch?«

»Nicht denken – liefern.«

»Der andere?«

»Curiosity killed the Pizzakurier.«

»Klingt hart. Grausam, kaltes Herz. Aber glaub mir: Wenn jeder einfach seine Arbeit macht, nichts als seine Arbeit und pfuscht nicht ins Leben von anderen Leuten – die Welt wird ein besserer Ort.«

4

Sie fuhren auf der Avus zurück nach Berlin.

»Das war nicht richtig«, sagte Pankelow.

»Es war nötig«, sagte Sam.

»Ein alter Mann. Verbittert und einsam. Wir hatten ihn fast auf unserer Seite. Wenn wir ein bisschen länger geredet hätten … Ein, zwei Gläser Goldbrand …«

»Zeitverschwendung.«

»Ich hatte Geld dabei. Bis zehntausend wäre ich gegangen.«

»Er brauchte kein Geld.«

»Was ist unsere Mission, Sam? Liebe ist unsere Mission! Und du? Brichst ihm die Knochen!«

»Ich habe ihm nichts gebrochen.«

»Seine Schreie, bis in den Garten …«

»Ich habe ihm bloß gezeigt, welche Knochen ich ihm brechen könnte.«

Die Wagen vor ihnen schalteten Warnblinklicht ein. Ein Lastwagen war gegen die Mittelplanke gekracht, der Anhänger lag quer über der Fahrbahn.

»Ein Baby kommt mit über dreihundert Knochen auf die Welt«, sagte Sam. »Später wachsen sie zusammen, beim Erwachsenen sind es noch zweihundertsechs. Zieht man ein paar für Prothesen und Hüftgelenke ab, bleiben immer noch fast zweihundert Knochen zum Brechen übrig.«

»Lernt man so was in Bonn?«

»Mein Biologielehrer war sehr gut.«

Ein Polizist winkte sie vorbei. Als Pankelow beschleunigte, fiel einer der beiden Kunstlederkoffer vom Rücksitz. Sam drehte sich nach hinten, stellte ihn zurück auf den Sitz. Der Inhalt war kostbar. Achtzehn Ordner. Treskeit hatte ihnen das Versteck im Keller mit zitternder Stimme beschrieben. Sie dürften die alten Koffer mitnehmen, hatte er gestammelt.

»Außerdem hätte er das nicht sagen sollen«, sagte Sam.

»Was?«

»Die Flunder.«

»Ich bitte dich …« Pankelow lachte, es klang gezwungen. »Die Leute sagen solche Sachen, sie denken sich nichts dabei.«

»Trotzdem.«

»Es ist mir egal.«

Sie wussten beide, dass das nicht stimmte. *Sie hatten Ihr Amt nicht im Griff. Sie haben den Bürgermeister bloß gespielt.* Diese Sprüche waren ein Stich, jedes Mal.

»Du musst dir hin und wieder Gedanken über Grenzen machen«, sagte Pankelow.

»Ich war sicher, dass er lügt.«

»Und wenn er weiter gelogen hätte? Wie weit wärst du gegangen? Du weißt selbst nicht, wie weit du gegangen wärst.«

»Wir haben die Ordner.«

»Manchmal machst du mir Angst.«

Pankelow blinkte und verließ die Avus. Vor ihnen leuchtete das grüne Schild des S-Bahnhofs Halensee.

»Ich fahre mit der Bahn weiter«, sagte Sam. »Ich bring die Koffer in die Villa.«

»Um diese Zeit?«

»Nur für einen ersten Eindruck.«

»Du arbeitest zu viel.«

»Ich will aussteigen.«

Pankelow seufzte und hielt am Straßenrand. Ihr größter Erfolg seit Monaten. Unschätzbare Informationen über die Vor- und Frühgeschichte des Flughafens. Warum freuten sie sich nicht? Warum schlugen sie sich nicht in die Hände, lagen sich in den Armen?

»Noch ein Glas Wein?«

»Heute lieber nicht.«

Manchmal, wenn sie Erfolg gehabt hatten, gingen sie in das Charlottenburger Bistro, in dem Pankelow Stammgast war und er kein Aufsehen erregte. Oder in das koreanische Restaurant in Friedenau, in dem fast nur Asiaten aßen. Pankelow wurde nicht mehr so oft erkannt wie früher. Aber wenn, ging es mit den Witzen los. Ob er sich beruflich neu orientiert habe, zum Beispiel als Fluglotse … Ob es nicht billiger wäre, Berlin abzureißen und neben einem funktionierenden Flughafen wieder aufzubauen …

»Du hast recht«, sagte Pankelow. »Treskeit hat mich beleidigt. Aber ich spüre diese Sachen kaum noch. Weil ich weiß, bald werden mich die Leute anders sehen. Sie werden begreifen, was ich tue. Nicht für mich. Sondern für eine Sache, die größer ist.«

»Trotzdem.«

»Es geht nicht darum, dass wir einfach die rechte Wange hinhalten. Sondern dass wir wissen, warum wir sie hinhalten. Weil wir wissen, dass wir die Guten sind.«

Sam seufzte.

»Sprichs aus.«

»Wir sind die Guten.«

»Lauter.«

»Wir sind die Guten!«

Sam öffnete die Tür. Stieg aus, klappte den Sitz nach vorn und zog die Koffer heraus.

»Meinst du, die Ordner bringen uns weiter?«, fragte Pankelow.

»Wenn wir Glück haben, sind wir bereit fürs Update.«

Pankelow pfiff durch die Zähne. Das Update. Der nächste große Schritt. Er hielt ihm die Hand hin: »Danke, Sam. Es war ein großartiger Abend.«

Sam blickte dem Coupé nach, das als weinroter Punkt auf dem Kurfürstendamm verschwand. Er zog den Reißverschluss seiner Jacke bis zum Kragen, nahm die Koffer und ging die Treppe hinunter zum Bahnsteig. Wegen Gleisarbeiten war der Verkehr gestört, bis zur nächsten Bahn Richtung Gesundbrunnen musste er zweiundzwanzig Minuten warten.

Wenige Menschen standen auf dem Bahnsteig, die Schultern vorgeschoben, die Hände in den Taschen ihrer Jacken und Mäntel vergraben. Einer warf Münzen in den Snack-Automaten. Er drückte eine Taste – nichts passierte.

Er drückte erneut, drückte die Taste für die Geldrückgabe – nichts. Er fluchte, schlug mit der Faust gegen die Scheibe, dann mit der Schulter. Er nahm Anlauf, versetzte dem Automaten einen gezielten Tritt. Die Maschine surrte, ein Schokoriegel fiel ins Ausgabefach.

Es stimmte eben nicht, dachte Sam, dass Gewalt keine Probleme löste; wer das behauptete, kannte die richtigen Griffe nicht.

»Wir sind die Guten.«

Pankelow hatte, schon in seiner Zeit als Politiker, gern erklärt, dass er ein Mann sei, der notfalls durch Wände geht. Bloß brauchte er jemanden, der vorher ein Loch hineinschlug. Vielleicht war es das, was Pankelow zu Fall gebracht hatte: nicht die roten Zahlen, nicht die geplatzten Eröffnungstermine und hämischen Schlagzeilen. Was Pankelow nicht wusste und vielleicht nie lernen würde: Den Preis für das eigene Gutsein mussten manchmal andere zahlen. Wer gut sein wollte, musste diesen Preis einfordern, notfalls mit Zwang. Deshalb brauchte er Sam. Deshalb kämpften sie diesen Kampf gemeinsam, jeder mit seinen Waffen. Gemeinsam würden sie siegen – oder untergehen.

5

Wenn jeder einfach seine Arbeit macht, wird die Welt ein besserer Ort.«

In der überhitzten Enge der Küche war Jana nicht in der Lage gewesen, eine Antwort zu formulieren. Nicht vor Manolo, der dreimal so alt war wie sie. Schon gar nicht mit dem Bild einer erfrorenen alten Frau im Kopf. Trotzdem, etwas in ihr wehrte sich gegen diese Haltung, sie schien ihr falsch und bequem.

Hinter der Baustelle am Hermannplatz verpasste Jana die Ausfahrt, fuhr an Shisha-Bars und einem Kampfsport-Studio vorbei. Jeder Mensch ist einzigartig und deshalb wertvoll, das hatte im Ethikunterricht Doktor Schiffner gesagt. Was natürlich wunderbar klang, vor allem in einem Internat, in dem die Hälfte aller Eltern Millionäre waren. Aber wieso begründete Einzigartigkeit einen Wert? Was war mit Menschen, die einzigartig gestört waren, für deren Wert niemand bezahlte? Sieben Milliarden Menschen auf dem Planeten, alle einzigartig, aber die meisten hatten nicht einmal genug Geld für sich selbst. »Jeder Mensch ist wertvoll« – war das nicht ein zynisches Konzept, der Anfang der Sklaverei? Musste es nicht heißen: »Den Wert eines Menschen kann man nicht messen«?

Die Ampel sprang auf Gelb. Sie beschleunigte, sah im Augenwinkel die Ampel auf Rot springen, ging scharf in die Kurve. Auf einer schwach beleuchteten Nebenstraße, in der sie noch nie gewesen war, fuhr sie zurück Richtung Sonnenallee. Vor ihr flüchtete ein Stadtfuchs in die Dunkelheit. *Wenn er nicht reinpfuscht ins Leben der anderen …* Je länger sie über Manolos These nachdachte, desto mehr regte sie sich auf. War sie nicht in Wahrheit ein Freischein für –

Ein Krachen.

Schwarzer Himmel vor dem Visier.

Blech, das über Asphalt schleift.

Stechender Schmerz im Ellenbogen.

Geschmack von Blut auf der Zunge.

Jana öffnete die Augen. Sie sah Rinnstein und Schneematsch. Sie stützte sich auf, öffnete das Visier und spuckte Blut aus. Einige Meter entfernt lag ihr Motorrad, es war gegen eine Litfaßsäule geprallt. Auf der anderen Straßenseite hielt ein weinrotes Coupé mit eingeschaltetem

Warnblinker. Ein Mann stieg aus, heller Anzug, weißes Hemd, schreckbleiches Gesicht.

»Sind Sie bescheuert?!«, schrie sie.

Der Mann – groß gewachsen, grau meliertes Haar, vielleicht Ende fünfzig – kam auf sie zugelaufen, wollte ihr hoch helfen, fasste sie am Arm.

»Sie Penner!« Sie schüttelte ihn ab. Der Ärmel ihres Overalls war eingerissen, ihr Handgelenk schmerzte. Vermutlich hatte sie es beim Fallen leicht gezerrt. Aber sie konnte ihre Hand drehen, die Finger strecken und krümmen. Sie konnte Arme, Beine, Füße bewegen, nichts fühlte sich taub an.

»Sie haben mich fast umgebracht!«, schrie sie.

Es war ihre Schuld. Sie hatte die Vorfahrt übersehen. Das war so eindeutig, darüber konnte man gar nicht streiten. Der Mann stritt auch nicht, blickte sich nur ängstlich um: »Es tut mir leid …«

»Glauben Sie, ich mach das hier zum Spaß?! Mich von Anzugträgern über den Haufen fahren lassen?!«

»Nein, nein …«

»Ich hol meine Brüder! Die sind Anwälte!«

»Nicht so laut …«

»Die machen Sie fertig!« Jana war außer sich vor Wut – nicht auf den Mann, sondern auf sich selbst. Der erste Unfall, seit sie den Führerschein hatte. Und so dämlich!

»Wir sollten hier nicht so lange herumstehen«, sagte der Mann.

»Doch, das sollten wir! Bis die Polizei kommt und Sie festnimmt!«

Warum wehrte er sich nicht? Warum sagte er nicht das Offensichtliche: dass sie zu schnell, ohne auf den Verkehr zu achten, über die Kreuzung gebrettert war?

Sie humpelte, stärker, als nötig gewesen wäre, zu ihrem Motorrad. Beim Aufprall war die Transportbox aus der Halterung gerissen. Das vordere Schutzblech war verbogen. Der Tank hatte wohl ein paar neue Kratzer, nicht tief. Das Sattelpolster hatte den Riss schon vorher gehabt.

»Schauen Sie sich das an!«, rief sie. »Damit kann ich nie wieder fahren! Lichtanlage Schrott … Anlasser Schrott …«

Auf der anderen Straßenseite blieben zwei Afrikaner stehen und schauten herüber. Der Mann fingerte fahrig in seiner Sakkotasche, schaute sich immer wieder um. »Wie viel hat das Motorrad gekostet?«

»Mann, das ist ein Design-Teil!«

»Verstehe, verstehe …« Er lief zu seinem Wagen. Wollte er abhauen?

Sie befühlte ihren Mund. Sie hatte sich auf die Unterlippe gebissen. Sie blutete noch, aber nicht stark. Der Mann beugte sich in seinen Wagen, erst jetzt fiel ihr auf, wie schön dieses Coupé war. Fünfzigerjahre, vielleicht Vierziger. Tief liegende Karosserie. Lange, elegant geschwungene Formen. Franzose? Italiener? Sie konnte sich nicht erinnern, so einen Wagen jemals gesehen zu haben.

Der Mann kam zurück, einen Umschlag in der Hand. »Wie viel hat Ihr Motorrad gekostet?«

»Wollen Sie mich bestechen?«

»Ich möchte Ihnen den Schaden ersetzen. Wenn wir das vor Ort regeln können … Tausend? Zweitausend?« Er holte Scheine aus dem Umschlag und hielt sie ihr hin. Einhunderter, Zweihunderter, sie leuchteten gelb und grün wie Frühlingsblumen.

»Meine Lippe ist gerissen«, sagte sie. »Vielleicht bin ich entstellt.«

»Sie sind nicht entstellt.«

»Wissen Sie, wie ich vorher aussah?«

Der Mann holte weitere Scheine aus dem Umschlag: »Dreitausend Euro.«

Jana schluckte. Das Motorrad war mehrere Jahre alt und kaum beschädigt. Billig-Honda aus indischer Produktion, auf dem Gebrauchtmarkt keine achthundert Euro wert. Der Mann stand im Schatten, hielt ihr die Scheine hin, fast flehend. Offenbar war ihm kalt. Vielleicht war er ein Krimineller. Mafiaboss, hatte die umliegenden Bordelle abkassiert. In die »Miezekatze« hatte sie vor drei Tagen eine *Calzone Cappuccino* geliefert.

»Bitte akzeptieren Sie meine Entschuldigung«, sagte er. »Und dass es mir schrecklich leidtut.«

Dreitausend Euro. Steuerfrei. Sollte sie ihn weiter hochhandeln? Besser das Blatt nicht überreizen. Böse Miene machen zum sehr, sehr guten Spiel.

»Haben Sie ein Glück, Mann.« Sie griff nach den Scheinen, die sich glatt anfühlten und knisterten. Jetzt musste sie nur noch warten, bis der Typ weiterfuhr. Sich aufs Motorrad setzen und abhauen.

Der Mann holte aus seiner Hosentasche eine Packung Tempotaschentücher und hielt sie ihr hin: »Für Ihre Lippe. Nehmen Sie die Packung.«

Auch noch Kavalier. Plötzlich fühlte sie sich schuldig. Sie hatte die Vorfahrt übersehen. Er hätte die Polizei rufen können. Sie wäre ihren Job jetzt los. »Fahren Sie«, sagte sie und stopfte die Scheine in die Brusttasche ihres Overalls. »Bevor ich es mir anders überlege.«

Er nickte, geradezu erleichtert. »Wir scheiden nicht im Konflikt, oder? Ich habe einen großartigen Abend hinter mir. Ich möchte, dass wir uns in guter Erinnerung behalten.«

Gute Erinnerung? Nachdem er gerade dreitausend Euro für ein paar Kratzer und eine blutige Lippe geblecht hatte? Sie tupfte mit einem Taschentuch ihre Lippe ab. Sah ihn, mit federndem Schritt, die Straßenseite überqueren. Nimm das, Manolo: Wenn jeder Mensch so viel Geld aus der Tasche ziehen würde für eine gute Erinnerung – *dann* wäre die Welt ein besserer Ort.

Er öffnete die Fahrertür. Von außen wirkte es, als sei er für den Wagen zu groß. Doch offenbar lagen die Sitze so tief, dass er bequem hineinpasste. Sie prüfte das Taschentuch – kleiner Blutfleck, die Wunde trocknete besser an der Luft. Sie steckte es ein und hob ihr Motorrad an. Die größte Schwierigkeit würde sein, die Box provisorisch hinter dem Sitz zu befestigen. Ein Motorschaden war möglich, aber unwahrscheinlich. Sie musste mit dem Anlassen warten, bis das Coupé außer Sicht war. Alles andere hätte zu sehr nach Abzocke ausgesehen.

Von der anderen Straßenseite hörte sie den Anlasser. Stottern des Motors. Stottern, ein Jaulen – Stille. Sie schloss die Augen. Nicht zu fassen. Sich jetzt auf ihre Honda setzen, wegfahren und den Mann mit seiner Panne stehen lassen – das brachte sie nicht übers Herz. Nicht mit den dreitausend Euro in der Tasche. Mafiaboss hin oder her, sie hatte zu viel Anstand.

Sie überquerte die Straße, wo der Typ in seinem Wagen saß und wieder und wieder versuchte, den Motor zu starten. Wenn er so weitermachte, saugte er die Batterie leer. Was für ein Traum von einem Wagen! Delle im Kotflügel, frischer Kratzer an der Tür. Nichts, was eine Werkstatt nicht in einigen Stunden ausbessern konnte. Dezentes Weinrot. Kein Logo, weder auf der Kühlerhaube noch am Heck. Sie klopfte gegen die Seitenscheibe, er kurbelte sie hinunter.

»Entsichern Sie die Motorhaube«, sagte sie.

Er griff unter das Lenkrad. Zu ihrer Überraschung hörte sie das Klicken nicht vorn, sondern hinten. Sie hob die Heckklappe hoch, stand einen Moment reglos. Mit allem hatte sie gerechnet – aber nicht mit dem, was sie hier sah.

6

Sie fuhren auf der Sonnenallee Richtung Osten. Jana hielt die Transportbox zwischen ihren Knien. Sie hatte den Overall ausgezogen, um die cremefarbenen Ledersitze nicht zu verdrecken. Sie hätte gern über das Ahornholz des Armaturenbretts gestrichen, traute sich aber nicht, mit ihren ölverschmierten Fingern.

»Sie haben einen schönen Wagen«, sagte sie.

»Rometsch Beeskow«, sagte der Mann.

»Nie gehört.«

»Wurden nach dem Krieg in Berlin gebaut. Gibt nur noch eine Handvoll.«

»Aber der Boxermotor … Vier Zylinder, Luftkühlung. Als ob er aus einem VW-Käfer kommt.«

»Sie scheinen sich auszukennen.«

»Mein Vater hat eine Autowerkstatt.«

»Nach dem Krieg waren die meisten Fabriken zerbombt. Es gab keine Produktionskapazitäten. Der Konstrukteur, Friedrich Rometsch, hat die Chassis von VW gekauft, aber eigene Karosserien draufgesetzt.« Er schaltete in einen höheren Gang. Sie hörte ein leichtes Ruckeln.

»Etwas stimmt mit der Kupplung nicht«, sagte sie.

»Ein gutes Gehör haben Sie auch.«

»Ich mag Autos. Und Motoren.«

»Meinen haben Sie gut hingekriegt.«

»Keine große Sache, die Zündkerzen waren feucht.«

»Ohne Sie würde ich da immer noch stehen.«

Ohne mich hätten Sie den Unfall nicht gehabt, dachte sie. Ohne mich hätten Sie dreitausend Euro mehr in der Tasche. Jetzt fahren Sie mich auch noch zu meinem Kunden.

»Gibt ein Problem mit dem Vergaser«, sagte sie. »Oder den Dichtungsringen. Ehrlich gesagt, es gibt einige Dinge, um die Sie sich kümmern sollten. Den Leerlauf müssen Sie neu einstellen. Der Keilriemen ist so gut wie durch. Schalten Sie noch mal den Gang runter. Hören Sie? Das Ruckeln. Wahrscheinlich ein Problem mit dem Seilzug. Hatten wir in der Werkstatt oft mit alten Käfern.«

»Sie sollten das beruflich machen.«

»Mein Plan ist – « Sie stockte.

»Ja?«

»Nichts. Erst mal liefere ich Pizzen aus.«

Sie passierten einen geöffneten Dönerimbiss. Eine Traube Menschen stand davor, manche rauchend oder mit Bierflaschen in der Hand. Eine Mutter zerrte zwei Kinder hinter sich her, beide mit Dönerpaketen in den Händen.

»Ewig keinen Döner gegessen«, sagte er.

»Wollen Sie?«

»Kleckern die Sitze voll.«

»Sie können draußen essen.«

»Lieber nicht.«

Wieder spürte sie seine Angst, gesehen zu werden. Sie betrachtete sein Profil, hin und wieder erleuchtet von Straßenlaternen und Scheinwerfern. Wie ein Mafiaboss sah er nicht aus. Auch nicht wie ein Zuhälter. Ein jungenhaftes Gesicht hatte er, als wären die Haare gealtert, die Grübchen um die Augen und die vollen, fast femininen Lippen – aber nicht der Rest.

»Sie kommen nicht aus Berlin, wie?«, fragte sie.

»Wieso glauben Sie das?«

»Eben zum Beispiel, nach dem Unfall: Ein Berliner hätte erst mal zwanzig Minuten rumgemeckert.«

Er lächelte.

»Ehrlich. Ein Berliner hätte dem Wetter die Schuld gegeben, den Ampeln, den Ausländern. Nur nicht sich selbst.

Sie haben einfach gesagt: Stimmt, ich hab Mist gebaut, ich übernehme die Verantwortung.«

»Meine Vorfahren stammen aus Ostpreußen.«

»Meine aus Gelsenkirchen.«

»Haben wir uns in der Mitte getroffen.«

»Touchiert.«

Er lachte. Den Unfall, die Schäden an seinem Wagen, die dreitausend Euro – alles schien er längst vergessen zu haben. Wahrscheinlich einer mit richtig viel Kohle, Unternehmer oder Chefarzt. Und da war noch etwas an ihm: Leichtigkeit. Die entspannte Heiterkeit eines Jungen, der freihändig auf seinem Fahrrad um die Kurven fährt und sich freut, wie gut das Rad den Bewegungen seines Körpers folgt.

»Ist es noch weit?«, fragte er.

»Das Hausboot liegt im Gewerbegebiet.«

»Nicht im Hafen?«

»Da dürfen keine Hausboote mehr liegen.«

Er nickte und schwenkte auf die Köpenicker Landstraße. Er schien sich gut auszukennen in der Stadt.

»Was an Berlin nämlich nervt«, sagte Jana, »ist, dass den Leuten alles scheißegal ist. Die sagen alle, ich mach mein Ding. Aber in Wahrheit machen sie gar nicht ihr Ding. Die tun nur so und reden die ganze Zeit.«

»Tatsächlich?«

»Dieses Berlin-Gerede, arm, aber sexy – völliger Schwachsinn.«

Sie fuhren über die Minna-Todenhagen-Brücke. Eisschollen trieben auf der nachtschwarzen Spree.

»Und Sie?«, fragte er. »Machen Sie Ihr Ding?«

»Bin dabei.«

»Pizza ausliefern?«

»Ich bereite mich vor. Spare Geld. Ich meine, das klingt jetzt blöd, aber ich mache wirklich …«

Peinlich, sie stammelte wie ein Schulmädchen in der mündlichen Prüfung. Warum? Weil sie sich diesem Mann, neben dem sie erst ein paar Minuten saß, dessen Namen sie nicht kannte und der vermutlich doch in dunkle Geschäfte verwickelt war, seltsam vertraut fühlte? So vertraut, dass sie ihm fast, als erstem Menschen in Berlin, von ihrem Plan erzählt hätte?

»Ich will darüber nicht reden«, sagte sie.

»Gut. Wenn es Ihnen wichtig ist, behalten Sie's für sich. Wir haben alle Träume, und Träume machen verletzlich.«

»Klingt, als hätten Sie Erfahrung.«

Sie fuhren durch das Gewerbegebiet. Vorbei an dunklen Ausstellungshallen und Bürogebäuden. Ein Wachmann ging, eine Zigarette rauchend, vor einem Tor auf und ab.

»Sie können Ihren Traum mit anderen Menschen nicht teilen«, sagte er. »Aber Sie können die Kraft teilen, die der Traum Ihnen gibt.«

»Glauben Sie?«

»Ich habe ein bisschen Erfahrung.«

Sie fuhren auf das Spreeufer zu. Um diese Zeit war hier nirgends ein Mensch zu sehen.

»Aber wenn die anderen auf uns einreden, wir sollten den Traum vergessen?«, fragte sie. »Wenn sie sich darüber lustig machen?«

»Bleiben Sie höflich, hören Sie zu – dann brechen Sie den Kontakt ab. Ein Traum kommt in unser Leben geflogen wie ein Vogel. Wir können die Fenster zuschlagen, uns die Hände an die Ohren halten, damit wir das Zwitschern nicht hören. Aber ein weiterer Traum wird nicht kommen. Die Fenster sind eben zu.«

Vielleicht war der Mann Schriftsteller. Schrieb Romane über einsame Frauen auf der Suche nach dem Glück – solche, die ihre Mutter stapelweise aus der Leihbücherei schleppte.

»Hier ist es«, sagte sie.

Sie hielten am Ende der Straße, er schaltete den Motor aus. Das Hausboot lag am Ende des Stegs, schwach erleuchtet von einer Lampe über dem Führerstand. Die Fenster waren dunkel. Wahrscheinlich schlief die alte Frau schon.

»Wie Sie das sagen, klingt alles so einfach«, sagte sie.

»Halten Sie mich für flach?« Seine Frage war unvermittelt gekommen. Mit einer Spur Angst in der Stimme, als fürchte er ihre Antwort.

»Nein! Ganz bestimmt halte ich Sie nicht für flach!« Jana umfasste den Türgriff. »Vielen Dank. Für alles.« Die Heizung blies warme Luft in den Wagen. Sie wollte nicht hinaus in die Kälte.

»Ich kann auf Sie warten. Von hier kommen Sie nicht leicht zurück.«

»Es kann länger dauern.« Die Honda stand, kaum beschädigt, in Neukölln. Besser, wenn sie dort mit dem Taxi hinfuhr. »Kümmern Sie sich um den Keilriemen. Und die Zündkerzen.«

»Mach ich.«

»Hier, unser Prospekt. Falls Sie Appetit auf Pizza kriegen …«

»Pizzeria Insomnia …«

»Nehmen Sie die *Speedy Gonzalez. Mit der* können Sie die Nächte durchtanzen.«

»Die Zeiten sind vorbei.«

Sie stellte die Box auf den Asphalt, stieg aus, winkte ein letztes Mal ins Wageninnere und drückte vorsichtig – ein Traum von einem Coupé – die Tür zu. Von der Spree wehte schwacher, aber kalter Wind. Schnell stieg sie in den Overall. Sie zog den Reißverschluss hoch, da hörte sie die Fahrertür wieder aufgehen.

»Warten Sie!« Der Mann stand hinter seinem Wagen, in

seinem leichten Anzug. »Können Sie die Delle reparieren? Und den Kratzer?«

»Wäre schon möglich ...«

»Den Keilriemen? Die Dichtungsringe?«

»Müsste ich mir ansehen, aber –«

Der Mann warf etwas Blitzendes durch die Luft, sie fing es auf – die Autoschlüssel.

»Vergaser, Zündkerzen, Lackschäden. Kümmern Sie sich um alle Mängel.« Plötzlich klang seine Stimme kühl, metallisch. »Heute ist Freitag. Das Wichtigste schaffen Sie bis Montag? Ich erwarte, dass Sie den Termin halten. Ich will den Wagen tipptopp!«

ZWEITER TEIL

Drei Tage später

»Wir werden beweisen,
dass drei öffentliche Eigentümer
so ein Projekt bauen können.«

KLAUS WOWEREIT,
Berliner Bürgermeister, 2006

7

Bienchen stand am Fenster, rührte in ihrem Kaffee und schaute ins Dämmergrau des Morgens. Montag, Beginn einer neuen Woche. Sie hörte fröhliche Stimmen, Schritte auf den Gehwegplatten und das Aufdrücken des Gartentors. Selbst bei diesem Wetter kamen die Koreaner auf ihren Fahrrädern. Eingepackt in Schals und Mützen, Rucksäcke auf den Rücken. Einer winkte hoch, sie winkte zurück. Nette, fleißige Jungs, schade, dass sie sich die Namen nie merken konnte. Sie hatte sogar Schwierigkeiten – wofür sie sich ein bisschen schämte –, die Gesichter auseinanderzuhalten. Außerdem begegnete sie den Koreanern selten. Sie brachten ihr eigenes Essen mit, kochten im Wintergarten ihren eigenen Tee.

Die Mädchen? Würden sie heute kommen? Bienchen hatte keine Anweisungen. Man informierte sie nie. Von den wichtigen Dingen, die in dieser Villa vorgingen, hielt man sie fern. Manchmal gab es ein Taxi zu bestellen, hin und wieder ein wenig Post zu sortieren. Das Telefon auf ihrem Schreibtisch klingelte drei-, viermal am Tag, sie kochte Kaffee und brachte Kekse in den ersten Stock. Oft hatte sie das Gefühl, niemand nahm sie wahr.

Aber die Kartons.

Sie kamen in unregelmäßigen Abständen, meist gebracht von privaten Kurieren. Der Inhalt der Kartons war wichtig, so viel begriff sie. Um manche gab es große Aufregung, freudig oder verärgert. Wurde ein besonders wichtiger Karton erwartet, knisterte schon Tage vorher Spannung. Die Koreaner, die Mädchen, die vielen Computer im Wintergarten, die gesamte Villa – alles schien nur für diese Kartons zu existieren. Aber was war ihr Inhalt? Einmal hatte Bienchen sich nicht beherrschen können. Hatte einen Karton, am frühen Morgen von einem Kurier gebracht und nachlässig verklebt, geöffnet. Aktenordner hatte sie gefunden, fleckig und vergilbt. Sie hatte den ersten geöffnet, den zweiten. Erst hatte sie den Inhalt nicht verstanden, dann hatte sie ihn ein bisschen verstanden – und sich furchtbar erschreckt. Sie hatte die Ordner schnell zurückgesteckt und sich geschworen, nie wieder in den Kartons zu schnüffeln.

Sie hörte Schritte auf der Treppe, die Tür wurde aufgestoßen: »Morgen, Frau Krafft.«

Diesen Koreaner erkannte sie. *Ihn* verwechselte sie mit niemandem. »Guten Morgen, Sam.«

»Hat er sich gemeldet?«

»Noch nicht.«

»Er müsste längst hier sein.«

»Wir wissen beide, er hat es morgens nicht mit der Pünktlichkeit.«

Sam zog seine schmalen Brauen zusammen. Sie hatte ihn nicht mit seinen Kollegen im Garten gesehen. Möglicherweise hatte er wieder die ganze Nacht im Wintergarten vor seinem Computer verbracht.

»Wenn Sie ihn sehen, sagen Sie ihm, er soll sofort runterkommen«, sagte er. »Und rufen Sie die Mädchen an, es gibt eine Menge Arbeit.«

»Wann?«

»Ab heute. Achtzehn Ordner.« Er ging und ließ die Tür hinter sich offen stehen.

Bienchen stand auf und drückte die Tür zu, geräuschvoll, er sollte es ruhig hören. Als ob er hier der Chef war! Als ob es egal war, wenn sie sich erkältete! Weil es in dieser Villa durch alle Ritzen zog und man die Heizung nicht hoch genug drehen konnte!

Auf der Straße hörte sie den Motor. Sie hastete zum Fenster, wie jeden Morgen wollte sie ihn sehen: die große, schlanke Gestalt, frühlingshaft im hellen Anzug, wie er schwungvoll die Wagentür zuwarf, vielleicht einen Brotkrümel, eine Fluse vom Revers strich, immer ein Lächeln im jungenhaften Gesicht ... Obwohl er ein paar Jahre älter war als sie, über sechzig. Wie hoch war dieser Mann in seinem Leben gekommen! Und wie tief gefallen! Spott hatte er ertragen müssen, nicht nur die Partei, die Kabinettskollegen, die Presse – die ganze Stadt war über ihn hergefallen. Jeder andere wäre an so viel Leid und Niedertracht zerbrochen. Aber nicht er! Seit einigen Wochen schien er sogar noch entspannter zu sein, noch tiefer erfüllt von seiner »Mission«, wie er immer sagte. Welcher Mission? Bienchen wollte das gar nicht so genau wissen. Schon gar nicht, seitdem sie das eine Mal in die Kartons geblickt hatte. Sie wusste nur: Sie würde zu ihm halten, egal was passierte. Andere hatten ihn verraten – sie war eine treue Seele und würde es immer sein.

Doch nun stutzte sie. Wieso fuhr der Wagen nicht in die Einfahrt, sondern blieb am Straßenrand stehen? Wieso stieg jetzt nicht er heraus, sondern ein junges Mädchen mit verwuschelten Haaren?

Jana drückte die Tür des Rometsch sanft ins Schloss. Sie betrachtete die Villa in dem verwilderten, von hohen Bäumen bestandenen Garten. Rauch stieg aus einem Schornstein, der leicht schief aus dem bemoosten Dach ragte. Über der Eingangstür hing eine schmiedeeiserne Lampe, in der eine Glühbirne brannte. Sie sah kein Zeichen von Leben. Doch – hinter einem hohen, schmalen Erkerfenster im Erdgeschoss bewegte sich die Gardine.

Sie überquerte die Straße. Die Luft roch nach feuchtem Laub und vermodertem Holz. Sie suchte am verrosteten

Gartentor vergeblich nach einem Namensschild. Gestern Abend hatte der Mann, von dem sie nicht einmal den Namen wusste, in der *Pizzeria Insomnia* angerufen. Manolo hatte den Anruf angenommen, aber er war Legastheniker. Wenn er die Adresse falsch notiert hatte?

Sie drückte das Tor auf. Es hätte so dringend wie der Rometsch Öl und Entrostung gebraucht. Sie ging über Gehwegplatten, zwischen denen Unkraut wucherte. Eine graue Katze wetzte ihre Krallen an einem Baumstamm, sah Jana und kroch ins Gebüsch. Am Dachgiebel blinkte der Bewegungsmelder einer Alarmanlage.

Sie stieg einige Stufen hoch bis zur Tür, die vor langer Zeit dunkelbraun lackiert worden war. Kein Namensschild, nur eine Messingklingel. Sie drückte sie und hörte – gedämpft, tief im Haus – eine Glocke. Hinter ihr flatterte ein Vogel aus einer Baumkrone.

Schritte auf knarrendem Holz, Zurückschieben eines Riegels. Die Tür wurde geöffnet, aber nur einen Spalt, dann spannte sich eine Kette – kräftige Glieder, glänzender Stahl.

»Ja, bitte?«

Jana sah hochgesteckte, kastanienbraune Haare. Kleine, blassblaue Augen in tiefen Höhlen, gezupfte, stark nachgezeichnete Brauen. Mächtige Brüste unter einer flaschengrünen Bluse mit Stoffknöpfen im gleichen Grün.

»Guten Morgen, ich heiße Jana Stahnke. Ich habe den Rometsch repariert. Ich bin gekommen, um ihn abzugeben.«

»Sie haben seinen Wagen repariert?«

»Er hat ihn mir übers Wochenende gegeben.«

Der kleine, violett geschminkte Mund verzog sich. »Geben Sie mir den Schlüssel.«

»Ich würde ihn lieber dem Mann selbst geben.«

»Er ist nicht hier.«

»Es gibt ein paar Dinge zu besprechen.«

Vor allem gab es die Kosten zu besprechen. Jana hatte das ganze Wochenende an dem Wagen geschleift, gefeilt, geschraubt, geschweißt. Bei einem früheren Kollegen ihres Vaters hatte sie einen Werkstattplatz mieten können, mit Hebebühne und dem notwendigen Werkzeug – aber ohne Ersatzteile für ein siebzig Jahre altes Coupé. Je genauer sie den Rometsch unter die Lupe genommen hatte, desto mehr Mängel hatte sie entdeckt. Bremsscheiben verschlissen, Vergaser nicht mehr zu retten, Stoßstange dilettantisch verspachtelt ... »Was bist du für ein kleiner Blender«, hatte sie in einer nächtlichen Pause geseufzt.

»Ich richte alles aus.« Die Frau streckte eine kleine, runde Hand durch den Türspalt.

»Ich möchte lieber warten.«

»Geben Sie mir den Schlüssel!«

Der Kopf der Frau hob sich. Ihr Blick wurde weich. Jana drehte sich um: Der Mann stand neben dem Rometsch, hinter ihm fuhr ein Taxi weg. Er umrundete ihn prüfend, klopfte hier und dort gegen eine Felge, einen Kotflügel. Sein Mantel hing über dem Arm, der Kragen seines weißen Hemdes war aufgeknöpft. Das grau melierte Haar schien flüchtig trocken gefönt. Eine Sekunde hatte Jana das Gefühl, sie kannte diesen Mann, hatte das Gesicht schon einmal gesehen. Unter dem Ellenbogen klemmte eine Aktenmappe aus dunkelbraunem Leder, passend zu seinen dunkelbraunen, teuer aussehenden Schuhen.

Er blickte auf, als Jana durchs Tor kam. »Guten Morgen«, sagte er. »Ich sehe, Sie haben den Termin gehalten.«

»Das Nötigste habe ich geschafft.«

»Gut, gut ...«

»Gibt Sachen, für die hätte ich mehr Zeit gebraucht. Je tiefer man in die Eingeweide geht ...«

Er schnitt ihr das Wort mit einer Handbewegung ab: »Fahren wir.«

8

Sie fuhren auf der Greifswalder Straße Richtung Alexanderplatz. Jana saß am Lenkrad, der Mann neben ihr blätterte in einer Aktenmappe.

»Vergaser, Zündkerzen, Auspuff, alles war hinüber«, sagte sie und lenkte den Wagen an einer Baustelle vorbei. »Der Linksdrall ist nicht weg, aber besser.«

»Schön«, sagte der Mann.

»Dann die Kontaktkorrosion. Die haben damals einfach die Karosserie aufs VW-Chassis geschraubt. Zweiunddreißig Schrauben, zehn Siebzehner und zweiundzwanzig Vierzehner. Können Sie sich das vorstellen?«

»Hm …« Der Mann machte eine Notiz.

»Ehrlich gesagt, glaube ich nicht, dass der Wagen die TÜV-Prüfung besteht.«

»Der TÜV ist nicht wichtig.«

»Eigentlich müsste man ihn entkernen.«

»Keine Entkernung! Vergessen Sie den TÜV!« In seiner Sakkotasche vibrierte ein Telefon. Er zog es heraus, las eine Nachricht, aus den Augenwinkeln sah sie ihn mit dem Kopf schütteln.

Stau am Alexanderplatz. Touristen schauten neugierig in den Wagen, der Mann zog den kleinen Vorhang vor sein Fenster. Im Schritttempo fuhren sie am Fernsehturm vorbei, gleichzeitig auffällig und vor Blicken geschützt wie in einem farbenfrohen Kokon.

»Darf ich fragen, woher Sie den Wagen haben?«, fragte sie.

»Von meiner Mutter.«

»Zum Abitur oder so?«

»Meine Mutter war der Meinung, mit Leistung belohnt sich jeder Mensch selbst.«

Jana schwieg. Ihre Mutter hatte Hauptschulabschluss, drei Kinder großgezogen, bei Schlecker an der Kasse gesessen. Auch eine Leistung. Sie konnte sich nicht erinnern, dass ihre Mutter sich je für ihre Leistung belohnt hatte.

»Muss Kohle gehabt haben«, sagte sie.

»Meine Mutter hatte keinen Pfennig.«

»Den Wagen haben nach dem Krieg Filmstars gefahren. Gregory Peck und –«

»Ich weiß, welche Leute ihn gefahren haben.« Er sagte es nicht unhöflich. Aber so, dass Jana lieber nicht weiterredete.

Sie schaltete das unsynchronisierte Getriebe, gab Zwischengas. Der Mann blätterte in seinen Akten. Vor drei Tagen, nachts am Steg, waren sie sich nahe gewesen. Nichts von dieser Nähe war übrig. Sie war nicht seine Chauffeurin. Sie saß hier, weil er ihr Geld für die Reparatur schuldete. Andererseits, da waren die dreitausend Euro …

»Sie fahren gut«, sagte der Mann.

»Ich fahre den Wagen gern.«

»Ich brauchte Monate, bis ich den Bogen mit dem Zwischengas raushatte.«

Vor drei Tagen hatten Sie ihn immer noch nicht raus, wollte sie sagen – lieber nicht. Er hatte ihr bei der Abfahrt eine Adresse in Wilmersdorf genannt, bis dahin musste sie die Frage der Reparaturkosten geklärt haben. Der Mann hatte offenkundig mehr als genug Kohle. Vielleicht konnte sie ein paar Dinge in die Rechnung schmuggeln, die sie nicht gemacht hatte. Anstand hin oder her, sie brauchte Geld.

Reichpietschufer, rote Ampel. In der Mitte der Kreuzung fuhr ein karibisch aussehender Artist auf einem Einrad vor und zurück, warf Kegel in die Luft.

»Nicht schlecht«, sagte Jana.

Der Mann blickte kurz auf: »Fürchterlich.«

»Vier Kegel, die meisten können nur drei.«

»Der Nächste macht es mit fünf, dann einer mit sieben. Und?«

Der Artist sprang vom Rad, fing die Kegel auf, verbeugte sich vor den Autofahrern, die hinter ihren Lenkrädern saßen und nicht klatschten. Ein schwarz gelocktes Mädchen ging durch die Reihen der Wagen, hier und da fuhr ein Fenster hinunter, reichte eine Hand eine Münze nach draußen.

»Geben Sie ihm nichts«, sagte der Mann. »In ein paar Wochen haben Sie hier Kinder aus einem chinesischen Zirkus mit acht Kegeln und einem Kopfstand im Sattel.«

Die Ampel sprang auf Grün, bevor das Mädchen ihr Fenster erreicht hatte. Jana fuhr an.

»Alle perfektionieren nur noch, keiner wagt was Neues«, sagte der Mann und vertiefte sich in seine Akten. Wieder vibrierte das Telefon. Der Mann nannte nicht seinen Namen, sagte nur »Ja, ja« und »Hm, hm«. Langes Schweigen. Dann plötzlich: »Was?« Seine Züge spannten sich. Er bedeutete Jana, am Straßenrand zu halten. Der Wagen stand kaum, schon sprang er ins Freie. Ging gestikulierend auf und ab. Schnitt mit der flachen Hand durch die Luft, als erteile er Befehle.

Sie standen am Rand einer Grünanlage mit einem kleinen Spielplatz. Auf der anderen Straßenseite führte eine Frau ihren Pudel aus. Sie blieb stehen, starrte zu dem großen, gestikulierenden Mann in seinem grauen Anzug. Schüttelte den Kopf, als sei sie Opfer einer Halluzination. Wieder hatte Jana das Gefühl, sie habe diesen Mann schon einmal gesehen.

Vogelkot klatschte auf die Kühlerhaube. Er beendete den Anruf.

Jana wollte aussteigen, da riss er die Beifahrertür auf: »Drehen Sie um.«

»Ich will nur den Vogelkot – «

»Fahren Sie! Sofort!«

9

Die beiden Frauen joggten nebeneinander auf der Startbahn des früheren Flughafens Tempelhof Richtung Volkspark und Türkischem Friedhof. Jugendliche kurvten auf Skateboards, Eltern ließen mit ihren Kindern Drachen steigen. Die Luft war kalt und klar.

»Hast du von Harald gehört?«, fragte Gesine. »Ist jetzt in Australien. Rettet Känguru-Babys.«

»Schön für ihn«, sagte Zoë.

»Meinst du das ernst?«

»Warum nicht?«

»Der Letzte, der noch als Ingenieur gearbeitet hat. Guter Job bei Caverion. Hat ihn geschmissen. Hats nicht mehr ausgehalten.«

Sie überholten eine Männergruppe, beide Frauen waren gut trainiert. Einmal die Woche trafen sie sich hier, liefen drei Runden um das ehemalige Flugfeld, knappe zwölf Kilometer.

»Wie läuft dein Laden?«, fragte Gesine.

»Gut«, sagte Zoë. »Weihnachtsgeschäft war stressig, jetzt ist es ruhiger.«

»Du solltest einen Online-Shop aufmachen.«

»Ich will wissen, an wen ich verkaufe. Außerdem arbeite ich langsam.« Zoë wusste, was Gesine jetzt erwartete. Dass sie fragte: Und bei dir? Dabei wusste sie, dass es bei Gesine gut lief. Beängstigend gut.

»Im BER stehen die Befeuerungsanlagen unter Wasser«, sagte Gesine. »Sie müssen siebenhundert Kilometer Kabel austauschen.«

»Und wennschon.«

»Das interessiert dich nicht?«

»Der Flughafen ist mir egal.«

»Lüg mich nicht an. Bleib stehen!«

Zoë lief noch ein paar Schritte und drehte sich um. Sah Gesine auf dem Asphalt stehen, die Wangen gerötet, die hellblauen Augen blitzend vor Zorn.

»Wann hast du das letzte Mal an den Flughafen gedacht?«, rief Gesine.

»Ich erinnere mich nicht.«

»Vor ein paar Tagen? Stunden?«

»Ich habe abgeschlossen.«

»Keiner von damals hat abgeschlossen!«

»Ich hab von den Befeuerungsanlagen gehört. Im Radio. Ich habe auch gehört, dass es einen neuen Flughafenchef gibt, Stiefelknecht oder – «

»Odebrecht.«

»Kriegt die Baustelle in den Griff. Beseitigt die Mängel. Angeblich nennt er bald einen neuen Eröffnungstermin.«

»Glaubst du das wirklich?«

»Warum nicht?«

»Wir waren zwölf. Keiner von uns arbeitet noch als Ingenieur.«

»Wir haben uns neu orientiert.«

»Nach jahrelangem Studium und Diplom? Manchmal denke ich, der Flughafen hat uns ausgespuckt.«

»Du bist nicht der Typ für Aberglaube.«

»Du hast damals etwas gesehen.«

»Ich hatte eine Kohlenmonoxid-Vergiftung.«

Sie gingen nebeneinander.

»Etwas ist passiert«, sagte Gesine.

»Aha.«

»Schade, dass ich nicht einmal weiß, ob ich dir trauen kann.«

»Früher oder später macht die Polizei deinen Laden dicht.«

»Polizisten kommen inzwischen auch zu uns. Weil sie es nicht mehr aushalten, was ändern wollen.« Sie sprach leiser, ging dicht neben ihr. »Es hat mit dem Studio nichts zu tun. Ist was Größeres. Worüber wir gesprochen haben.«

»Keine Ahnung, wovon du redest.«

»In den Monaten danach. Dass was passieren muss.«

»Ich will davon nichts hören.«

»Du warst die Einzige von uns, die klar gesehen hat.«

»Meine Therapeuten waren anderer Meinung.«

»Komm die nächsten Tage vorbei.«

»Nein.«

»Ich zeig dir, was wir – «

»Wer als Erste an der Grillwiese ist!« Zoë lief los. Lief schnell, ihr Herz pochte, die kalte Luft stach in ihrer Brust. Sie hörte Gesine näher kommen.

10

Seit zwanzig Minuten saß Jana im Rometsch und wartete. »Wird nicht lange dauern«, hatte der Mann gesagt. Hatte im Spiegel der Sonnenblende seine Frisur überprüft, war mit einem Kamm über die Haare gestrichen und hatte sie mit den Fingerspitzen wieder verwuschelt. Draußen hatte er den oberen Knopf seines Sakkos geschlossen, als sei er unterwegs zu einem offiziellen Termin. Er hatte die Tür zugeschlagen und war in Richtung der Montagehallen verschwunden. Jana war nicht sicher, wo sie waren – irgendwo in einem Industriegebiet südlich von Berlin. Auf dem Parkplatz standen noch andere Wagen, Mercedes, BMW, ein Audi A8, alle dunkelblau oder anthrazit. Nirgends sah sie einen Menschen. Sie stellte den Sitz zurück, schloss die Augen. Kälte kroch durch die Ritzen. Wenn sie die Heizung anstellte, war die Batterie bald leer. Was bildete der Kerl sich ein? War sie seine Sklavin?

Sie stieg aus. Die Luft roch nach Schneematsch und Altöl, neben einem Wertstoffcontainer standen alte Kanister. Sie ging ein paar Schritte, sofort blinkten an den anderen Wagen Warnlichter. Sie schloss den Rometsch ab. Ging in die Richtung der Halle, in der der Mann verschwunden war. Falls er nicht eine wirklich gute Entschuldigung hatte, würde sie ihm den Schlüssel vor die Füße werfen und eine horrende Reparaturrechnung ankündigen – sein Verhalten musste sie sich nicht bieten lassen.

Am Tor der Halle blieb sie stehen. Sie hörte Männerstimmen, einen Motor, der an- und ausging, quietschendes Getriebe. Neben dem Tor war eine Tür angelehnt, sie schaute hinein. Männer in Anzügen standen im Kreis unter einem Motor, der etwa fünf Meter über ihnen an ein Gerüst montiert war. Der Motor rollte eine Leinwand hoch, nach unten, stockte, weiter nach unten, bis das Ende der Leinwand etwa zwei Meter über dem Boden hing. Auf dem Gerüst stand ein Mann in Monteurskleidung, rief etwas herunter. Die Männer nickten, einige machten Notizen. Der Mann, den Jana suchte, dem sie die Autoschlüssel vor die Füße werfen wollte, stand etwas abseits, eine Hand am Kinn, und betrachtete die Plane.

Der Mann auf dem Gerüst entzündete einen Gasbrenner.

Er hielt, während die Leinwand weiter nach unten fuhr, die blaue Flamme auf den Motor. Funken stoben, der Motor setzte aus, riss die Leinwand mit sich, fiel krachend auf den Hallenboden, blieb rauchend und knackend liegen.

Die Männer näherten sich dem Motor wie einem erlegten Wild. Nickten befriedigt, einige applaudierten. Der Monteur kletterte vom Gerüst, gab weitere Erklärungen, sie wurden beifällig aufgenommen. Der Mann im hellen Anzug legte seinen Arm um die Schultern des Monteurs, sie entfernten sich ein paar Schritte, schienen zu plaudern ... Jana beobachtete, wie der Mann dem Monteur einen Umschlag zusteckte.

Einer der Männer sah Jana an der Tür stehen. Seine Augen verengten sich, Gespräche brachen ab. Alle blickten herüber – misstrauisch, fast feindselig. Der Mann drückte allen die Hand, beglückwünschte den Monteur und kam auf Jana zu: »Fahren wir.«

Er lächelte nicht mehr.

Sie bogen von den Hallen auf eine neu asphaltierte Straße ein.

»Sie hätten nicht in die Halle kommen sollen«, sagte er.

»Sie haben mich eine halbe Stunde warten lassen.«

»Ich wäre bald gekommen.«

»Woher sollte ich das wissen?«

Sie fuhren am Flughafen Schönefeld vorbei. Menschen schleppten Koffer und Reisetaschen vom S-Bahnhof, Taxis und Busse standen im Stau und hupten.

»Was war das in der Halle?«, fragte Jana.

»Unwichtig.«

»Ein brennender Motor, der von der Decke fällt? Männer, die Beifall klatschen?« Dass sie auch die Übergabe des Umschlags gesehen hatte, erwähnte sie besser nicht.

»Denken Sie einfach nicht mehr dran«, sagte der Mann und blätterte in seinen Papieren; das Gespräch war für ihn beendet.

Sie bog in die Waltersdorfer Chaussee Richtung Innenstadt.

»Sie fahren ausgezeichnet«, sagte er. »Sie sollten das beruflich machen.«

»Ich fahre Motorrad.«

»Für die Pizzeria? Wie viel verdienen Sie dort?«

»Zwölf Euro die Stunde plus Trinkgeld.«

»Hungerlohn.«

»Ich kenne Kuriere, die kriegen Mindestlohn und fahren unbezahlte Überstunden.«

»Sie fahren nachts.«

»Gibt mehr Trinkgeld.«

»Bei Regen und Kälte.«

»Berlin ist nicht München.«

»Vergessen Sie München.«

Sie blinkte, überholte, schaltete in einen höheren Gang.

»Was halten Sie davon, wenn Sie für mich fahren? Jeden Tag ein paar Stunden. Mal mehr, mal weniger. Die meiste Zeit sitzen Sie im Wagen und warten. Sie können lesen, Musik hören, Gedichte schreiben.«

»Klingt gut, bloß – «

»Achtzehn Euro die Stunde.«

»Ich habe eine Vereinbarung mit – «

»Zwanzig Euro.«

»Wollen Sie mein Schweigen kaufen?«

»Sagen wir, ich verlasse mich auf Ihre Diskretion. Zweiundzwanzig Euro. Zuschlag abends und am Wochenende.«

Zweiundzwanzig Euro plus Zuschlag. Manolo zahlte die Hälfte. »Für das Geld finden Sie überall einen Chauffeur«, sagte sie.

»Keinen mit Ihrem Gefühl für den Wagen. Keinen, der ihn zur Not repariert.«

Zweiundzwanzig Euro. Für ihren Traum brauchte sie zehntausend Euro. Der Job wäre ein Turbo.

»Ich verstehe Ihr Zögern«, sagte er. »Sie fragen sich, wer ist der Mann? Ist das Angebot seriös? Was, wenn ich meinen Job kündige und er überlegt es sich anders? Aber wissen Sie – manchmal muss man in den See springen. Auch wenn man nicht weiß, wie tief er ist. Sonst bleibt man ewig am Ufer stehen und träumt von den Möglichkeiten.«

Hatte er recht? Welchen Grund hatte sie, ihm zu misstrauen? Er hatte ihr dreitausend Euro und seinen Wagen gegeben, ohne Sicherheit. Zweiundzwanzig Euro die Stunde, so eine Chance bekam sie nie wieder. Wenn sie ablehnte, würde sie es bereuen.

»Wer die Abkürzung sucht, kommt nie zum Ziel …«

»Tut mir leid«, sagte sie. »Ich stehe bei meinem Chef im Wort. Bei dem Wetter findet er keine Fahrer.«

»Sie sind loyal, gefällt mir.«

»Wenn ich ihn im Stich lasse …«

»Schade. War nur eine Idee.«

Ihr wurde heiß, sie verschaltete sich. Sie hatte in den See springen wollen, ganz sicher. Doch im letzten Moment hatte sie wieder die mahnende Stimme gehört. Der Mann schien ehrlich enttäuscht. Doch nun war es zu spät, er deutete durch die Windschutzscheibe: »Da vorn ist eine U-Bahn-Station. Von dort kommen Sie besser in die Stadt.«

II

Sam stand im Türrahmen und sah den Afrikanerinnen bei der Arbeit zu. Ernst und schweigend standen sie vor den Scannern. Legten Papiere ein, wendeten sie, markierten jedes gescannte Blatt mit einem Stempel und hefteten es ab. Hatten sie alle Papiere eines Ordners gescannt, markierten sie ihn mit einem Kreuz und legten ihn zurück in den Karton. Sie arbeiteten diszipliniert, organisiert, ohne Pause. Keine verstand genügend Deutsch, um den Inhalt der Papiere zu verstehen; das war die Einstellungsvoraussetzung gewesen. Sie bekamen fünfzehn Euro die Stunde, nirgends hätten sie mehr verdient. Die Arbeitszeiten waren allerdings unregelmäßig. Wenn wichtige Dokumente gekommen waren, arbeiteten sie bis in die Nacht. Dann wieder gab es tagelang nichts zu tun, sie warteten – im Flüchtlingsheim, vielleicht hatten manche inzwischen eine Wohnung, Sam war nicht sicher – auf einen Anruf von Bienchen. Zudem arbeiteten sie in der Beletage der Villa, unter bröckelndem Putz und ohne Heizung. Die zwei Heizlüfter, die auf dem Boden standen, kämpften vergeblich gegen die Kälte, die durch die undichten Fenster zog. Alle paar Stunden kam Bienchen hoch, brachte Tee, Obst, selbst gebackene Kekse. Bienchen hatte schnell einen Draht zu den Frauen gefunden. Sie vermittelte ihnen, dass sie wertvoller Teil der Firma waren. Sam hätte ihr so viel Einfühlungsvermögen nicht zugetraut.

Er schloss die Tür und stieg die Treppe hinunter. In der Beletage war der Fehler nicht zu finden, so viel war klar. Aber wo dann? Warum kamen sie mit ihrer Arbeit seit Wochen nicht voran? Vor welcher Mauer standen sie?

Er hörte Bienchen in ihrem Büro sprechen, leise, erregt. »Ich will davon nichts hören … Nein … Nein …«

Er blieb hinter der halb offenen Tür stehen. Sah sie bei der Fensterbank stehen, am Ohr ein antiquiertes Tastenhandy.

»Das ist ja Wahnsinn …«, flüsterte sie. »Wie kannst du das von mir verlangen?« Jetzt sprach sie mit vorgehaltener Hand, er verstand ihre Worte nicht. Sie lachte schrill: »Haha! Das lasse ich mir nicht unter die Nase reiben!«

Unter Sams Fuß knarrte eine Diele. Bienchen drehte den Kopf und fuhr zusammen. Brach das Gespräch ab, warf das Telefon in die Schublade und drückte sie zu. »Meine Schwester aus Schmargendorf! Eine bösartige Frau!«

»Das tut mir leid.«

»Sagt, ich hätte meinen Sohn auf dem Gewissen. Ich hätte ihn nicht genug geliebt! Wirft man so was einer Mutter vor?« Sie hielt ihm das Foto hin, das seit ein paar Wochen auf ihrem Schreibtisch stand und ein mageres Kind auf einem Schaukelpferd zeigte. Beide wussten, dass dieses Foto wenig mit dem Siebzehnjährigen zu tun hatte, den Bienchen letztes Jahr in die Firma gebracht hatte.

»Möchten Sie Napfkuchen?«, fragte sie. »Ich habe ihn frisch gebacken.«

»Vielleicht die Mädchen oben.«

»Ich bringe ihnen nachher einen Teller hoch.«

Sam ging die Stufen hinunter, an der Teeküche vorbei zum Wintergarten. Er hörte die Stimmen seiner Kollegen, Chuls helles Lachen. Er stieß die Tür auf, sie verstummten. Sam war ihr Chef, so behandelten sie ihn. Dabei war er nicht älter als sie.

»Und?«, fragte er.

Sie schüttelten die Köpfe. Chul, Dong, Seok. Seine Jungs, er hatte sie ausgesucht. Alle aus Südkorea, zwei aus Seoul, einer aus Busan. Keiner älter als sechsundzwanzig.

Chul und Seok hatte er in Berlin an der Universität kennengelernt. Dong war als PhD-Student maßgeblich am *BrainScale*-Projekt der Universität Heidelberg beteiligt gewesen. Alle waren Programmierer, alle beschäftigten sich mit unterschiedlichen Aspekten künstlicher Intelligenz und maschinellen Lernens. Solche Leute wurden gesucht, überall auf der Welt. Es war für Sam nicht leicht gewesen, sie davon zu überzeugen, dass all die großen Namen – *Google, Apple, SpaceX und wie sie hießen – auf dem falschen Weg waren. Dass DeepMind eigentlich ShallowMind heißen müsste, dass die vermeintlichen Visionäre, die die Welt in Atem hielten mit selbst fahrenden Autos, Alexa-Boxen und anderen Banalitäten, bloß Bergsteiger waren, die auf einer bequemen Route schnell vorankamen – aber es nie auf den Gipfel schaffen würden. Dass Sam glaubte, den richtigen, wenn auch unerforschten und gefährlichen Weg gefunden zu haben.* Die drei Studenten hatten ihn am Anfang ungläubig bestaunt – zu radikal war sein Ansatz, zu abwegig klang, woran er glaubte. Mit Chul und Seok hatte er nächtelang diskutiert, sich mit Dong fast überworfen, in Chats bis zum Morgengrauen. Schließlich hatte er ihm ein Bahnticket von Heidelberg nach Berlin geschickt. Alle drei hatte er an den Ort vor den Toren Berlins geführt, diesen einzigartigen Ort, von dem es in der Welt keinen zweiten gab. Hier war das Mysterium, das die Menschen noch nicht begriffen hatten und über das sie deshalb nur in abfälligen Ausdrücken wie »Fluchhafen«, »Lachnummer« oder »Hauptstadt-Schande« sprechen konnten.

Er hatte ihnen die zu kurzen Rolltreppen gezeigt. Den Wickeltisch in der Herrentoilette. Die Sprinklerköpfe, aus denen kein Wasser, sondern Heißluft strömte. Sam hatte von der Geschichte des Flughafens gesprochen, von den ersten, scheinbar nebensächlichen Mängeln, den unauffällig steigenden, bald wuchernden Kosten, der ersten, dann der zweiten, dritten, vierten geplatzten Eröffnung. Schließlich hatte er sie an seinen Lieblingsort geführt, etwas versteckt, in der Verladestelle hinter den Gepäckbändern. Aus einem Riss in der Decke, den niemand erklären konnte, tropfte Kondenswasser auf ein offenes Starkstromkabel, das dort nie hätte verlegt werden dürfen. Hier, hatte er gesagt, ist mein *DeepMind*. Am nächsten Morgen hatten Dong und Seok alle anderen Jobangebote abgesagt, hatte Chul seine Rückkehr nach Südkorea für den Top-Job bei Samsung verschoben.

Sam ließ sich auf seinen Stuhl fallen und schaltete den Computer ein. Sein Schreibtisch stand etwas abgerückt von den anderen, am Fenster, mit Blick auf verdorrte Rosen, das schwarz gefaulte Vogelhaus am Apfelbaum, den masturbierenden Gartenzwerg, den der Vormieter zurückgelassen hatte. Auf dem Monitor sah er das Terminal. Sah es in Ausschnitten, durchleuchtet, von oben und unten, sah Kabel, Trassen, Kanäle, Ein- und Umbauten, die ganze wundersame Komplexität, die unzählige Menschen über Jahre, nach ständig wechselnden, sich überlagernden, von niemandem mehr durchschauten Plänen erschaffen hatten – und die, da war er sicher, nur in Berlin hatte entstehen können. Still ruhte das Terminal unter einer kraftlosen Wintersonne. Flughafen Berlin-Brandenburg, schweigend und uneröffnet, Milliardengrab, Sehnsuchtsort, Sphinx.

»Warum«, fragte Sam, »sprichst du nicht zu uns?«

12

Auf dem Glastisch der ockerfarbenen Sitzecke lag der neue Sachstandsbericht.

»Zweiundachtzig Prozent aller Meilensteine bei Planung und Bau haben wir erreicht«, sagte Odebrecht. »Vor sechs Monaten waren es vierundsiebzig Prozent. Neunundsiebzig Prozent aller Mängel im Brandschutz haben wir abgearbeitet. Vor sechs Monaten waren es einundsechzig Prozent ...«

Sachstand, Verkehrsminister Breyer liebte dieses Wort. Kühl und klar war es, wie Quellwasser. Nicht von Wünschen sprach es, sondern von Fakten. Nicht von Illusionen, sondern von Wirklichkeit – für jedermann zu sehen, greifen, messen, auf der berüchtigten Baustelle vor den Toren Berlins.

»Zweiundneunzig Prozent der Kabeltrassen sind saniert. Vor sechs Monaten waren es einundsechzig Prozent ...«

Seit fünf Monaten war Heribert Odebrecht Flughafenchef – der vorerst Letzte einer langen Reihe von Gescheiterten, Zurückgetretenen, Entlassenen. Was ihn von allen seinen Vorgängern unterschied: Er verstand etwas von Flughäfen. Unter seiner Leitung machte der Bau, nach Jahren der Stagnation, endlich Fortschritte.

»... Maßnahmen, um die Leistungsfähigkeit der Projektorganisation zu erhöhen. Dazu gehört die Reorganisation der Baustelle ...«

Breyer hatte sich, wie er es immer vor einer ersten Begegnung tat, umfassend über seinen Gesprächspartner informiert. Odebrecht hatte seinen ersten Flugplatz im Alter von elf Jahren gebaut, für einen Modellklub in seiner westfälischen Heimat. Seitdem baute er Flughäfen, nichts als Flughäfen. In Wüsten und Regenwäldern. Zwischen Gletschern und auf Vulkaninseln. In Sultanaten und Gottesstaaten. In Baltistan hatte er den höchstgelegenen Flughafen Pakistans gebaut. Das Gerücht hatte sich verbreitet, für das Rollfeld würde Gelatine vom Schwein verwendet. Raketenangriffe der Taliban, Todes-Fatwas aus den Moscheen, Straßenschlachten in Lahore und Islamabad … Odebrecht hatte auf diese Gerüchte nichts gegeben. Er hatte für die Baustelle militärischen Schutz angefordert und weitergebaut. Pünktlich hatte er dem Gouverneur von Baltistan den Flughafen übergeben.

»Fokus auf die Optimierung der Anlagenlogik, der Freigabeprozess durch die zuständigen …«

Odebrecht war Mitglied keiner Partei. Er hatte keine Verbindungen in die politische Klasse. Er tanzte nicht und trank keinen Alkohol. Deshalb hatte er, als die Stelle des Flughafenchefs wieder einmal zu besetzen war, zunächst nicht als Kandidat gegolten. Was sollte ein Flughafenchef in Berlin ausrichten, der nicht mit den Mitgliedern des Untersuchungsausschusses Skat spielte? Doch andere Kandidaten hatte es nicht mehr gegeben. Also war der damalige Berliner Finanzsenator – längst zurückgetreten und vergessen – in den kongolesischen Regenwald geflogen, wo Odebrecht den neuen Flughafen von Kisangani baute. Hatte gelockt, gebettelt und gefleht. Odebrecht hatte den Flughafen fertiggestellt, war als einer der ersten Passagiere in einer Antonov nach Kinshasa geflogen, von dort über Brüssel nach Berlin. Der Bürgermeister hatte ihn am Flughafen Tegel empfangen wie einen Staatsgast. Die Journalisten hatten respektvoll hinter der Absperrung gestanden und »Kompetenz« gewispert.

»Inbetriebnahme prüfpflichtiger Anlagen bei achtundzwanzig Prozent, weitere betriebliche Systeme – also

Check-in, Boarding, Leitsysteme – bei neunzehn Prozent …«

»Neunzehn Prozent?« Breyer schreckte hoch. »Das ist nicht viel, oder?«

»Vor sechs Monaten waren es elf Prozent.«

»Sicher …«

»Vor sechs Monaten war diese Baustelle eine Lotterwirtschaft!«

Vor sechs Monaten war Breyer noch Verkehrsminister in Saarbrücken gewesen. Der beliebteste Minister des Kabinetts, ein junger Mann, der nicht bloß redet, sondern anpackt. Über die Baustelle im fernen Berlin, das ständige Kommen und Gehen der Flughafenchefs, die Mängel, die sich vermehrten wie Ratten, hatte er wie alle den Kopf geschüttelt.

»Schlimmer als Tegucigalpa!« Odebrecht stützte seine Hände auf die Tischplatte. Alles an dem Mann wirkte dehydriert. Gesichtshaut wie Pergament. Karfunkelrote, kurz geschorene Haare wie geröstet. Seine Bewegungen echsenhaft, die Stimme, als scharre ein Rechen durch trockenes Laub.

»Was mich interessiert«, sagte Breyer, »als Politiker, aber auch als Mensch … Die neuen Mängel an der Befeuerungsanlage …«

»Trivialmängel. Werden eliminiert. Die Arbeiten sind im Plan.«

Experten verachteten Politiker. An dieser Verachtung wollte Breyer nicht rütteln, im Gegenteil: Experten machte man sich am ehesten gewogen, indem man ihre Verachtung auf sich nahm und nur hin und wieder demütig eine Anregung wagte. »Ich bitte zu verstehen«, sagte er, »Deutschland steht vor großen Herausforderungen. Klimawandel, Energiewende, Infrastruktur für das 21. Jahrhundert. Aber alles, worüber die Hauptstadtpresse schreibt …«

»Journaille.«

»Die ungelösten Probleme mit den Kabeln …«

»Geschwätz.«

»Es geht das Gerücht, die Arbeiten verzögern sich …«

»Keiner meiner Vorgänger hat sich den Kabeln gestellt! Keiner!« Odebrechts Fingerknöchel schlug auf den Glastisch. »Man hat sie wuchern lassen! Wie Kraut! Wie Rüben!« Er stand auf, knarzend wie eine rostige Sprungfeder.

»Sollte es neue Entwicklungen geben …«, sagte Breyer und begleitete ihn zur Tür, »Fortschritte, auch Widerstände …«

»Sie erhalten alle Informationen, soweit es der Sache dienlich ist.«

»Dialog ist wichtig. Als ich damals die Mosel-Saar-Trasse …«

Odebrechts Kopf ruckte vor. Augen wie ausgebleichte Kiesel fixierten den Minister, die Lider wirkten plötzlich entzündet. Er schüttelte den Kopf, ließ ihn stehen, ging an Referent Schnettke vorbei und verließ grußlos das Büro.

»Wie lief es?«, fragte Schnettke und blickte seinen Chef aus braunen, treuen Hundeaugen an.

»Gut«, sagte Breyer. »Ich glaube, es lief sehr, sehr gut.«

13

Jana stand unter der Dusche, ließ heißes Wasser über Gesicht und Körper laufen.

Falsch! Alles falsch!

Warum hatte sie nicht zugesagt? Welcher Dämon hatte von ihr Besitz ergriffen? Bestimmt hätte sie ihn weiter hochhandeln können, dreiundzwanzig Euro, fünfundzwanzig Euro. Er wollte ihr Schweigen kaufen, wahrscheinlich war er kriminell – na und? Beim Abschied hatte er ihr ein paar Scheine in die Hand gedrückt, Fünfziger und Hunderter, er hatte nicht mal hingeschaut. Warum war sie so blöd gewesen? Ahmad war schuld. Im entscheidenden Moment hatte sie seine Stimme gehört, kaum bewusst, aber warnend: »Weißt du, warum sich so viele Leute im Leben verirren? Weil sie nach einer Abkürzung suchen. Sie kommen nach Berlin, mit großen Plänen. Nach ein paar Monaten haben sie nur noch Projekte.« Aber sie hatte mehr als ein Projekt, sie hatte einen Plan! Und der Mann war ein Goldesel, sie hatte ihn weggeschickt. Wofür? Für die nächste Nachtschicht bei Manolo? Zwölf Euro die Stunde, auf einer Billig-Honda durch Regen und Schnee, Koffeinpizza für gescheiterte Kreative und ausgebrannte Erzieher. Es ging nicht einmal nur ums Geld. Etwas war in dem Mann gewesen, ein Geheimnis. *»Manchmal muss man in den See springen, sonst bleibt man ewig am Ufer stehen.«* Sie waren sich wieder nahe gewesen, wie in der ersten Nacht am Steg. Trotzdem war sie nicht gesprungen. War zurückgeschreckt, wie als Sechsjährige auf dem Sprungbrett. Er hatte prüfen wollen, ob sie den Job wert war, deshalb hatte er seinen Namen nicht gesagt. Und sie? Hatte die Prüfung nicht bestanden.

Sie drehte das Wasser zu, trocknete sich ab. Dampfschwaden hingen im Badezimmer. Nein, Ahmad war nicht schuld. Sie hätte ja die Sprüche, die er jede Nacht in der Pizzeria von sich gab, während sie auf den nächsten Transport warteten, einfach ignorieren können. Sie wischte den beschlagenen Spiegel ab und betrachtete sich. Erschöpft sah sie aus, etwas blass. Die dunkelbraunen Haare wuschelig wirr, seit Jahren schnitt sie sie selbst; kein Friseur bekam das so hin. »Lass die so, die werden später dein

Markenzeichen«, hatte in der Mail gestanden. Rundes Gesicht, kleiner Mund, Nase etwas klein, mit Sommersprossen. Große Augen, dunkelblau, alles eher niedlich als schön, ein bisschen ovaler hätte es schon sein dürfen. Aber insgesamt okay. Sie war eines von den Mädchen, wo ein Mann sich traut zu sagen: »Weißt du, dass ich dich total süß finde?« Weil er denkt, er sei der Einzige, dem das auffällt. Die Größe allerdings war ein Problem. »Einen Meter fünfundsechzig? Das ist der Punkt, wo manche Sponsoren kalte Füße kriegen. Sie fragen: Schafft das Mädchen das physisch?« Natürlich würde sie es physisch schaffen. Eine Frage der richtigen Maschine, Jana liebäugelte mit einer KTM 450. »Solange du ein Niemand bist, bist du frei. Aber wenn du nach oben kommen willst, musst du als Person vermarktbar sein.« Das war der Punkt, wo die Oberschicht-Mitschüler in ihrem Internat angeekelt das Gesicht verzogen hätten: Produkt sein … Sich verkaufen können … Jana hatte damit kein Problem. Wenn sie jeden Quadratzentimeter ihres Helms an Sponsoren verkaufen konnte, wenn Menschen Geld zahlten für ihren Traum – was war daran schlecht? Nein, die physische Größe war nicht das Problem. Aber vielleicht war sie auf innere Weise zu klein, war ihrem Traum einfach nicht gewachsen. Egal wie hart sie kämpfte – in den entscheidenden Momenten würde sie versagen. Die Vorstellung machte ihr Angst. Sie zog sich schnell an, wollte nicht länger in den Spiegel schauen.

In dem WG-Zimmer, das sie für drei Monate hatte mieten können, hingen Plakate von französischen Liebesfilmen. Tatjana, die Hauptmieterin, machte in Leipzig ein Praktikum, Jana hatte sie nur am ersten Tag kurz gesehen. Sie sah auch ihre Mitbewohner kaum, Malte und Konstantin. Malte war Oboist, bereitete sich auf die Diplom-Prüfung vor. Seit einer Weile übte er nicht mehr nur in der Hochschule, dort gab es zu wenig Räume, sondern auch zu Hause: *Dideldidel dim dim dim,* jeden Abend mindestens zwei Stunden. Konstantin studierte an einer Business School und wollte »ins Consulting, *McKinsey oder Boston Group*«. Vor ein paar Tagen hatte es eine erregte Diskussion gegeben, Malte hatte Konstantin vorgeworfen, diese Firmen seien verantwortlich, dass Tausende Leute ihre Arbeit verlören, wie sein Vater, der bis vor wenigen Wochen noch einen sicheren Job auf der Neptunwerft in Rostock gehabt habe. Konstantin hatte entgegnet, Consulting-Firmen würden nicht entlassen, sondern beraten, daher der Name. Und die Beratung sorgte dafür, dass Unternehmen wieder profitabel würden und Steuern zahlten, »damit du später im Orchester sitzen und *dideldidel dim dim dim* spielen kannst«. Malte hatte sich in seinem Zimmer verkrochen und den ganzen Abend nicht geübt.

Konstantin saß mit Laptop und vielen Papieren am Tisch, als Jana in die Küche kam. »Alles in Ordnung?«, fragte er, während sie Milch für einen Kakao aufsetzte.

»Super, wieso?« Sie fragte sich, ob man ihr die Niederlage schon ansah. »Und bei dir?«

»Ziemlich gut.« Er wischte mit der Hand durch die Papiere. »Ich kämpfe mich durch.«

14

Der Tag war ein großer Erfolg«, sagte Pankelow und rieb sich die Hände. Er saß mit Sam in seinem Büro im Obergeschoss der Villa. Hohe Fenster öffneten sich auf einen Balkon mit Topfpflanzen, vertrocknet schon unter dem Vormieter. Bis auf einen alten Schreibtisch aus massiver

Eiche, einen kaffeefleckigen Perserteppich und einige rissige Ledersessel war das Büro unmöbliert. Rippenheizkörper neben den Fenstern klackerten und knackten, strahlten aber kaum Wärme ab.

»Sechsunddreißig Motoren für die Rauchschürzen. Alle nicht feuerfest. Wenn wir Glück haben, merken die das erst bei der Wirkprinzip-Prüfung.«

»Wenn die Sache vorher auffliegt?«

»Motoren ausbauen, neue bestellen, Priewitz organisiert eine Lieferverzögerung. Wir gewinnen mindestens sechs Monate.«

»Der Controller ...«

»Vergiss den Controller. Steckt sich fünf Prozent von dem Auftrag in die eigene Tasche und hält dicht.«

»Der neue auch?«

»Er steht auf unserer Seite. Erinnert mich an mein Krisenbesäufnis mit den Bosch-Managern, vier Wochen vor der geplatzten Eröffnung. Nachts um drei, alle betrunken, alle mit Ringen unter den Augen, alle wollen zurück nach Schwaben. Ich hätte denen sagen können: Wickelt ein Starkstromkabel zwanzigmal ums Terminal und setzt eine Schleife drauf. Sie hättens gemacht.«

Vielleicht, dachte Sam, hätten sie das damals wirklich machen sollen. Ein Flughafen mit einer gigantischen Schleife aus Starkstromkabeln: Es hätte den Berlinern klargemacht, dass ihr Flughafen anders war. Und immer sein würde.

»Was ist mit den Ordnern von Treskeit?«, fragte Pankelow. »Bringen die uns weiter?«

»Die Mädchen scannen seit heute Morgen die Unterlagen. Wir bereiten das Update vor.«

»Wunderbar.«

»Ich fürchte allerdings, die Zeit reicht nicht.«

»Ich habe dir gerade sechs Monate rausgehauen.«

»Sechs Monate, in denen Odebrecht einen Mangel nach dem anderen beseitigt.«

»Es gibt neue Probleme mit der Befeuerung der Südbahn.«

»Aber er kommt voran. Schneller als wir. Es gibt immer noch Informationen, die wir nicht haben.«

Die Heizkörper klackten. Schmelzwasser tropfte von der Dachrinne. Sam hatte keine Wahl: Er musste in die Narbe bohren, auch wenn sie Pankelow schmerzte – selbst jetzt, nach so vielen Jahren.

»Die Monate nach der geplatzten ersten Eröffnung …«

»Über die wissen wir genug.« Pankelow wippte auf seinem Stuhl.

»Wir haben kaum Unterlagen. Aber damals wurden zentrale Entscheidungen gefällt. Ohne die der Flughafen nicht wäre, was er heute ist.«

»Alles ist bekannt.«

»Ist es nicht.«

»Ich habe nach bestem Wissen gehandelt.«

»Die Eröffnung war geplatzt. Die Presse hat auf Sie eingeprügelt. Der CDU-Vorsitzende forderte Ihren Kopf.«

»Was soll das jetzt, Sam?«

»Sogar Ihre eigene Partei ging auf Distanz.«

»Das Versagen lag bei der Geschäftsführung. Sie hatte den Aufsichtsrat falsch informiert.«

»Aber Sie waren Vorsitzender des Aufsichtsrats!«

Pankelow wippte. Die Haltung war verspannt, seine Finger schlugen in unregelmäßigen Rhythmen auf den Schreibtisch.

»Sie haben einmal gesagt«, sagte Sam, »wenn ein Mann nicht weiterweiß, wenn unter ihm alles wegbricht – dann muss er eine Frau holen.«

»Das ist bis heute meine Überzeugung.«

»Gisela Hornbusch …«

»Ich will von dieser Frau nichts hören.«

»Sie haben sie nach der letzten geplatzten Eröffnung geholt.«

»Weil sie mir für den Job geeignet schien. Harte Saniererin, sie hatte Lufthansa auf Kurs gebracht. Sie war über siebzig, eigentlich zu alt. Aber sie hatte Erfahrung, sie war durchsetzungsstark – und sie war frei.«

»Hornbusch wollte einen Neuanfang. Auf der ersten Pressekonferenz hat sie gesagt –«

»Reden wir nicht über diese Wachtel.«

»Sie wollte Ehrlichkeit! Die Reset-Taste! Die ganze Wahrheit sollte auf den Tisch!«

Pankelow zog scharf die Luft ein.

»Wenige Monate später wurde das Ergebnis der Bestandsaufnahme veröffentlicht. Einhundertsechstausendeinhundertzweiunddreißig Mängel. Alles von der kaputten Fliese bis zu neunzig Kilometern falsch verlegten Starkstromkabeln. Niemand hat damit gerechnet. Die Presse spricht vom Flughafen als Horrorhaus. Ein Stadtmagazin wählt Sie zum peinlichsten Berliner.«

»Sam, bitte …«

»Es gab damals eine Option: die Wien-Option. Bei dem Skylink-Terminal des Flughafens Wien gab es ähnliche Probleme. Man hat den Bau gestoppt, das Terminal entkernt und neu gebaut. Das war peinlich für alle Beteiligten. Aber drei Jahre später konnte die Eröffnung stattfinden. Alle Experten waren sich einig, dass ein Baustopp auch für Berlin die beste Option war.«

»Es gab ein Gewirr von Meinungen.«

»Einen Schnitt ziehen. Der Wahrheit ins Gesicht sehen. Die einzig sinnvolle Entscheidung. Aber sie wurde nicht getroffen. Gegen jeden Rat, gegen jedes Gutachten!«

»Wir waren nicht informiert!«

»Die Mängel standen in jeder Zeitung!«

Pankelow stand auf, ging zum Fenster. Ein Sonnenstrahl fiel durch ein vor dunkler Vorzeit zuletzt geputztes Fenster, fleckte sein Gesicht gelb und grau. »Komm her. Komm!«

Sam trat zu ihm ans Fenster.

»Siehst du die Katze unter dem Apfelbaum? Stell dir vor, du weißt alles, was ein Mensch über diese Katze wissen kann. Ihr Gewicht, ihr Alter, ihre Krankengeschichte, du weißt, wann sie das letzte Mal gefressen und ihr Fell geputzt hat. Aber warum sitzt sie unter dem Baum und nicht im Gebüsch? Wann wird sie wieder gähnen? Wovon träumt sie? Es gibt Dinge über diese Katze, die wirst du nie erfahren.«

»Der Flughafen ist keine Katze.«

»Er ist mehr, viel mehr. Er überrascht uns. Er schockiert uns. Er trifft Entscheidungen, die wir nicht verstehen. Vielleicht werden wir sie eines Tages verstehen.«

»Dafür arbeiten wir.«

»Richtig. Schauen wir nach vorn.«

»Uns fehlen Informationen –«

»An die Arbeit, Sam.«

Sam ging zur Tür, wütend und enttäuscht. Im Wintergarten kamen sie nicht voran, hier hatte er wieder nichts erreicht.

»Und was den peinlichsten Berliner angeht«, rief Pankelow ihm nach. »Diese Pfeife von der CDU hätte sich alle Fußnägel ausgerissen, um unter die ersten zehn zu kommen!«

15

Einen Gute-Laune-Saft für die Lady.«

Bassam stellte Jana das Glas hin. Manchmal, gegen Ende einer Schicht, machte sie am frühen Morgen in diesem Imbiss halt. Die Zeit zwischen vier und fünf Uhr war ihr toter Punkt, ein großes Glas frischer Obstsaft machte sie besser wach als Kaffee.

Die Nacht war eine Katastrophe gewesen. Nur Einsame und Gestörte. Die Bulimikerin hatte sechs Portionen Tiramisu bestellt und war ausgerastet, als Jana – höflich, zurückhaltend – gefragt hatte, ob bei ihr alles in Ordnung sei. »Was soll mit mir nicht in Ordnung sein? Schauen Sie sich mal an! Wie Sie aussehen! Hauen Sie ab!!«

Um diese Zeit war der Imbiss vor allem bevölkert von Taxifahrern und Transsexuellen. Schräg gegenüber, in der Frobenstraße, begann der Straßenstrich. Die Transen wärmten sich bei Kaffee und Minztee auf, schminkten Lippen und Wimpern nach, lästerten über eine RTL-Show, bei der sie durchs Casting gefallen waren. Die Taxifahrer schimpften auf Uber und die Politik. Die ersten Male hatte sie das alles aufregend gefunden, heute ging ihr auch der Imbiss auf die Nerven.

Ein verpasster Anruf ihrer Mutter auf dem Telefon. Mitten in der Nacht, ein schlechtes Zeichen. Bestimmt hatte das Internat sich schon bei ihr gemeldet. Durften die das, obwohl Jana volljährig war? Sie musste ihre Mutter die nächsten Tage anrufen. Sie hatte ein Recht auf die Wahrheit, wie deprimierend sie auch war.

»Guten Morgen, entschuldigen Sie die Störung.« Ein Mädchen – blond, pausbäckig, mit aufgedruckten Katzen auf dem rosa Anorak – stand in der offenen Tür und hielt eine Zeitung hoch. »Ich bin die Jessy. Ich lebe seit zwei Monaten auf der Straße. Ich habe keine Arbeit, keine Ausbildung und keinen Schlafplatz. Außerdem haben sie mir von Vodafone das Handy gesperrt.«

»Tür zu!«, rief jemand.

»Ich verkaufe die Arbeitslosenzeitung *Motz*, damit ich mir ehrlich meinen Lebensunterhalt verdiene und nicht in die Kriminalität oder Prostitution abrutsche. Für eine Spende oder etwas Warmes zu essen –« Das Mädchen ging von Tisch zu Tisch. »Schlafplatz … Handy gesperrt …«

Schweigen, Nippen an Minztee, spöttische Blicke auf den Anorak.

»Ehrlicher Lebensunterhalt … Schlafplatz … Vodafone …«

»Die soll mal lernen, für Geld zu arbeiten«, sagte eine Transe.

»Verwöhntes Gör«, sagte eine andere.

»Eine Zeitung, bitte«, sagte Jana.

Das Mädchen schreckte zusammen, drückte ihre Zeitung an die Brust.

»Ich möchte eine *Motz* kaufen.«

»Das ist meine letzte.«

»Umso besser.«

Das Mädchen näherte sich Jana ungläubig. »Das ist nicht das System. Die meisten Leute geben eine Spende für einen Schlafplatz oder was Warmes zu …«

»Ich will aber die Zeitung.«

Jana legte zwei Euro auf den Tisch. Jessy zögerte. Legte die Zeitung hin, griff hastig nach den Münzen und verließ den Imbiss.

Jana schlug die *Motz* auf. Leben auf der Straße … Leben in der Kälte … Tuberkulose aus dem Osten … Die Überschriften machten ihr Angst. Wie weit war sie selbst von diesem Leben entfernt? Wenn es für ihren Traum nicht reichte? Wenn der Schulabbruch ein schrecklicher Fehler gewesen war? Warum Hartz IV entmenschlicht … Warum AirBnB tötet … Interview mit einem Soziologen: Die Reichen treten auf die Mittelschicht, die Mittelschicht tritt auf die Unterschicht, jeder aus Angst vor dem Absturz … Neoliberalismus bedeutet Bewegung aus Angst, je größer die Angst, umso größer die Bewegung …

»Noch einen Gute-Laune-Saft?«, fragte Bassam.

Jana nickte und fragte sich im gleichen Augenblick, wie lange sie sich die drei Euro fünfzig für den Saft noch würde leisten können.

»Wann knallts?« Ein Artikel über den neuen Berliner Flughafen. Dessen Eröffnung sich seit Jahren verschob. Dessen Mängel keiner mehr überblickte. Der die Stadt im Würgegriff von Rücktritten, Untersuchungsausschüssen, ständig steigenden Kosten hielt. Der Artikel war voller Kurven und Grafiken: Steigende Kosten. Steigende Verschuldung der Stadt. Verfall der Schulen, der Kindergärten, Zunahme von Depression und Drogenmissbrauch. *»Wann fangen die Menschen an, sich zu wehren?«* Darunter eine *»Galerie der Verbrecher«, die* zurückgetretenen oder entlassenen Flughafenchefs, Aufsichtsräte, Senatoren, Bürgermeister … Feist lächelnde Männer und eine Frau, alle im dunklen Anzug oder Kostüm, darunter die Angabe ihrer Pensionen und Abfindungen. Ein einziger Mann in dieser Galerie trug einen hellen Anzug. Sein Lächeln war nicht eitel, sondern fein und ironisch. Jana erkannte die Grübchen in den Augenwinkeln, das grau melierte Haar …

»Große gute Laune für die Lady«, sagte Bassam und stellte das Glas hin.

Janas Hand zitterte, als sie danach griff. Alles drehte sich, ihr Hocker schien zu schwanken. Sie wusste nur: Sie wollte den Fahrer-Job.

DRITTER TEIL

Einige Tage später

»Das wird ein Super-Airport.«

HARTMUT MEHDORN,
BER-Flughafenchef, 2013

16

Liebe Mama,

bitte entschuldige, dass ich mich erst jetzt melde. Und dass ich nicht anrufe, sondern dir diese Mail schreibe. Aber unsere letzten Telefonate waren nicht gerade ein Erfolg. Ich bitte dich, diese Mail zu Ende zu lesen, ohne zu weinen, zu schreien oder den Computer auszuschalten.
Noch mal: Es geht mir gut. Ja, ich habe die Schule abgebrochen. Ja, ich bin in Berlin. Nein, ich nehme keine Drogen, ich mache keine »Sex-Sachen mit brennenden Zigaretten« oder was immer du im Fernsehen gesehen hast. Ich musste mich entscheiden. Und ich fühle, dass meine Entscheidung – auch wenn sie für Außenstehende aussehen muss wie Wahnsinn – richtig war.

Jana saß im Rometsch und las die Mail an ihre Mutter, die sie heute Morgen geschrieben, umgeschrieben, ergänzt, aber nicht abgeschickt hatte. Ihr Blick ging zum Eingang des Apartmenthauses, in dem Pankelow und Sam verschwunden waren. Seit vier Tagen hatte sie den Job. Einfach war es nicht gewesen. Die dicke Frau hatte sie an der Tür der Villa abwimmeln wollen. Sam war misstrauisch gewesen, hatte ihr ständig neue Fragen gestellt: Wer sie sei, woher sie komme, ob sie sich mit Computern auskenne … Pankelow war, gerade rechtzeitig, bevor Sam sie hinauswerfen konnte, die Treppe heruntergekommen. Er hatte Jana gesehen, gelächelt und genickt.

Schloss Sophienaue ist ein wundervoller Ort. Das Problem war nicht, dass die anderen Mitschüler mehr Geld hatten als ich, dass ich mich »nicht genug auf einer Höhe« gefühlt habe, wie du es ausdrückst. Als Tochter eines Automechanikers aus dem Ruhrgebiet war ich sogar was Besonderes. Alle haben akzeptiert, wer ich bin und wo ich herkam. ABER KEINER HAT AKZEPTIERT, WO ICH HINWILL!

Wut stieg in ihr hoch und Bitterkeit. Als sei das nicht vor Wochen, sondern vor ein paar Stunden passiert. Bitterkeit vor allem wegen des Verrats. Von Doktor Schiffner, der ihr noch kurz vorher anvertraut hatte, er habe sich im Beirat für ihr Stipendium eingesetzt. Von Helene, die sie für ihre Freundin gehalten hatte. Vor allem von Yannick, dieser Flachpfütze!

Jana sah zur Tür des Apartmenthauses. Auf der Hinfahrt – fast eine Stunde durch Baustellen und dichten Verkehr – hatte im Wagen Spannung geherrscht. Vor Jana redeten die beiden nicht offen. Aber Pankelow hatte nicht kommen wollen, so viel hatte sie mitgekriegt; Sam hatte ihn gedrängt. Pankelow hatte ihr immer noch nicht gesagt, wer er wirklich war. Also spielte sie weiter das Dummchen aus Bottrop. Für zwanzig Euro die Stunde konnte sie schweigen.

Alle zwei Jahre druckt das Internat eine neue Selbstdarstellungsbroschüre. Schüler schreiben über ihre Lieblingsfächer, ihre Hobbys, ihre Träume …

17

Ich freue mich, dass wir uns nach so langer Zeit wiedersehen«, sagte Pankelow.

»Immer noch der alte Lügner«, sagte Gisela Hornbusch. »Sie sehen gut aus.«

»Ich bin sechsundsiebzig. Ich kann froh sein, wenn man mich für sechzig hält.«

»Mitte fünfzig, höchstens.«

Aus einer Karaffe schenkte sie Limonade in Kristallgläser. Alle drei hoben ihre Gläser und tranken.

Hornbusch entzündete eine elektrische Zigarette. »Zwei Nachteile haben diese Dinger. Man lebt länger, und man kann niemandem eine anbieten.«

»Wir rauchen beide nicht«, sagte Pankelow.

»Sie werden es bereuen.«

Gisela Hornbusch trug ein weißes Tennishemd, eine weiße Leinenhose und Bootsschuhe aus weißem Leder. Alles in ihrem Penthouse war weiß oder wenigstens hell: die Wände und Fensterrahmen, die Bücherregale und Rattanmöbel, die Lampenschirme und Tischplatten aus Milchglas, der Parkettboden aus gebürstetem Kirschholz. Die Fenster gaben den Blick frei auf eine weiß geflieste Terrasse mit Liege, Sauna und Whirlpool, dahinter der Wannsee.

»Köstlich«, sagte Pankelow und schaute zu Sam, der zustimmend nickte.

»Gurke, Limette, ein wenig Rohrzucker, weiter nichts«, sagte Hornbusch.

Auf dem Couchtisch lagen einige Segelzeitschriften und ein E-Reader in einem weißen Lederetui. Keine Zeitungen, nichts Aktuelles.

»Sie sind über die neue Entwicklung am Flughafen informiert?«, fragte Pankelow.

»Ich habe etwas im Taxi gehört.«

»Es gibt neue Kabelprobleme.«

»Odebrecht bekommt sie in den Griff.«

»Glauben Sie? Die Presse jubelt den Mann hoch wie einen Messias.«

»In gewisser Weise ist er das.«

»Es ärgert Sie nicht?«

Hornbusch zuckte die Schultern. »Er scheint einige Fehler zu vermeiden, die wir gemacht haben.«

»Wegen dieser Fehler sind wir hier«, sagte Sam, den dieses Gerede um den heißen Brei nervös machte. »Wir wissen, dass es nicht um ein paar Kabel geht. Auch nicht um defekte Brandmelder oder Sprinklerköpfe. Sonst wäre der Flughafen längst eröffnet. Sonst wäre nicht passiert, was damals passiert ist.«

Hornbusch musterte Sam – vom Stehkragen seines schwarzen, schmal geschnittenen Hemdes bis zu den koreanischen Sportschuhen. Musterte ihn mit der Direktheit alter Frauen, die wissen, dass sie den jungen Mann vor sich nicht mehr haben können – und sich deshalb für nichts schämen.

»Sie waren Flughafenchefin ab 2012«, sagte Sam.

»Das habe ich nicht vergessen.«

»Unter Ihnen kam die Wahrheit über die Mängel auf den Tisch.«

»Ich bin eine Frau. Frauen sind für Wahrheit zuständig. Wenn Männer nicht mehr wissen, wie sie ihr Totalversagen vertuschen, wie sie es der Öffentlichkeit erklären sollen, stellen sie sich vor die Mikrofone und sagen: Schaut, wie fortschrittlich wir sind. Ab heute macht es eine Frau.«

»Ich habe mich im Aufsichtsrat für Sie eingesetzt«, sagte Pankelow.

»Um den Dreck wegzuwischen, den Sie und Ihre Männer angerichtet hatten. Ich war Ihre Putzfrau!«

»Deutlich besser bezahlt!«

»Waren Sie in letzter Zeit am alten Flughafen Schönefeld?«, fragte Sam.

»Ich war zwei Monate in der Karibik, ich bin in Tegel angekommen. Eine Schande, was man aus diesem Flughafen gemacht hat.«

»Schönefeld ist schlimmer. Kaum ein Flug startet pünktlich. Toiletten sind verstopft. Erwachsene Männer prügeln sich am Snack-Automaten um die letzte Chipstüte. Alle hoffen, dass es mit dem neuen Flughafen endlich besser wird.«

»Was nicht stimmt.«

»Natürlich nicht. Der Verkehr auf den Zubringerstraßen wird zusammenbrechen. Züge stauen sich vor den Bahnhöfen, die Lärm- und Feinstaubbelastung –«

»Junger Mann, ich kenne die Gutachten.«

»Solange der Flughafen nicht eröffnet, können die Menschen hoffen. Sollte er eines Tages tatsächlich eröffnen, schlägt die Stunde der Wahrheit.«

Hornbusch sah ihn an, durch eine kaum wahrnehmbare Dampfwolke ihrer Zigarette. »Also stimmt es, was man über Sie erzählt? Über Ihre – soll ich es Vision oder Wahnsinn nennen? Bislang habe ich die Gerüchte für einen Scherz gehalten.«

Pankelow fuhr dazwischen: »Sam möchte sagen –«

»Der Junge ist alt genug, er kann für sich selbst sprechen.«

»Wir glauben, dass der Flughafen anders ist«, sagte Sam. »Anders als alle Flughäfen, die je von Menschen erbaut worden sind.«

»Sie untertreiben.«

»Der BER ist kein normaler Flughafen. Er wird nie ein normaler Flughafen sein. Nicht wir sind wahnsinnig.

Sondern diejenigen, die weiterbauen, Mängel beseitigen mit dem Ziel, ihn zu einer willenlosen Maschine zu machen. Die er nicht ist, die er nie sein wird.«

Hornbusch sog an ihrer Zigarette.

»Als Sie zur Flughafenchefin berufen wurden – «

»Man hat mich bekniet.«

»Sie galten als Sanierererin.«

»Ich konnte auf ein erfolgreiches Berufsleben zurückblicken. Ich wollte meine letzten guten Jahre genießen und segeln gehen.«

»Als Sie das erste Mal auf der Baustelle waren – was war Ihr Eindruck?«

Sie schwieg. Schaute Richtung Fenster, als blicke sie einem Rauchring nach, den nur sie sah. »Mein Eindruck war – dass etwas nicht stimmt. Etwas Grundsätzliches. Jenseits von Pannen, Kostenüberschreitungen, geplatzten Terminen. Als man mich das erste Mal über die Baustelle führte, war offenkundig, dass alle Verantwortlichen sich in die Tasche logen. Dass die Mängel, die jeder sehen konnte, nur Symptome weiterer Mängel waren, die niemand sehen, über die niemand sprechen wollte.«

»Deshalb verlangten Sie eine vollständige Bestandsaufnahme.«

»Ich sah keine andere Möglichkeit. Obwohl sie bedeutete, erst mal eine Menge kaputt zu machen: Decke und Wände öffnen, Löcher bohren, Kabel aus dem Putz reißen.«

»Der Aufsichtsrat hat Ihre Forderung unterstützt«, sagte Pankelow.

»Der Aufsichtsrat war eine Rotweinrunde eitler, inkompetenter Männer!« Hornbusch wandte sich wieder zu Sam. »Das Ergebnis der Bestandsaufnahme war schlimmer, als alle befürchtet hatten: einhundertsechstausendeinhundertzweiunddreißig Mängel. Die Zahl vergesse ich bis an mein Ende nicht. Sie bedeutete, der Flughafen würde noch einige Milliarden teurer werden. Seine Eröffnung würde sich weiter verzögern. Sie bedeutete auch: Die Berliner waren belogen worden, jahrelang.«

Pankelow nippte mit gesenktem Blick an seinem Glas.

»Es gab«, fuhr sie fort, »nur eine sinnvolle Option: Baustopp. Rücksetzung des Terminals auf den genehmigungsfähigen Zustand. Eine Entscheidung, die die Arbeit von Jahren vernichten würde. Aber die einzig verantwortbare.«

»Warum haben Sie sie nicht getroffen?«

Schweigen. Blicke. Platzende Bläschen in den Gläsern.

»Sie hatten den Überblick«, drängte Sam. »Alle Mängel lagen auf dem Tisch. Warum haben Sie den Weiterbau nicht gestoppt?«

»Schreiben Sie Tagebuch, Herr Pankelow?«, fragte Hornbusch.

»Dafür fehlt mir die Zeit.«

»Ein Fehler. Manchmal wäre es gut, man könnte alles noch einmal nachlesen. Wer was gesagt hat, in dem Telefonat an jenem Abend.«

»Ich erinnere mich nicht.«

»Es war fast Mitternacht.«

»Wenn ich über jedes Telefonat Tagebuch geführt hätte …«

»Sie lügen!« Sie riss ihr Glas hoch, eine Sekunde sah es aus, als wolle sie es Pankelow ins Gesicht werfen. »Verzweifelt habe ich auf Sie eingeredet!«

»Glauben Sie, Sie waren die Einzige? Das halbe Land hat auf mich eingeredet! Weiterbauen, Stilllegen, Abreißen, Neubau in Sperenberg! Ein renommierter Experte hat mir erklärt, der Flughafen taugt nur als Busbahnhof!«

»Der Weiterbau war Wahnsinn! Sie wussten es, ich wusste es! Umso mehr, nachdem dieser Brief kam!«

»Welcher Brief?«, fragte Sam.

»Ich weiß nichts von einem Brief«, sagte Pankelow.

»Ach ja? Warum hat dann mein Büro aus dem Rathaus Anweisungen erhalten, die Kopie zu vernichten?«

»Sam, wir gehen.«

»Sie wollten den Weiterbau! Niemand sonst!«

»Es war die einstimmige Entscheidung des Aufsichtsrates!«

»Nach wie vielen Flaschen Rotwein? Die Männer haben Ihnen nach dem Mund gelallt! Sicher, Sie mussten Ihre Interessen abwägen. Sie waren Bürgermeister. Sie kämpften um Ihre Wiederwahl, hatten Aussicht auf eine Karriere in der Bundespolitik. Was konnten Sie in Ihrer Situation anderes sein als ein Opportunist? Für mich gab es diese Entschuldigung nicht. Ich habe weitergemacht. Neue Eröffnungstermine genannt, die niemals zu halten waren. Ich habe gelogen, bis ich physisch nicht mehr konnte. Wissen Sie, junger Mann, was Emanzipation der Frau ist? Wenn die Frau die Scheiße der Männer nicht wegräumt, sondern sich ins Gesicht schmiert.« Sie trank einen tiefen Schluck. »Ich habe Ihnen verziehen, Pankelow. Mir werde ich nie verzeihen.«

18

Viele meiner Mitschüler wollen später das Familienunternehmen klimaneutral machen oder für Amnesty International arbeiten; »make a difference«, das kommt natürlich gut an. Als ich mit meinem Traum an der Reihe war …

Im Rückspiegel sah Jana Pankelow und Sam aus dem Apartmenthaus kommen, aufgeregt gestikulierend. Sie steckte ihr Telefon ein, schon flog die Tür auf. Pankelow schob den Sitz nach vorn, Sam kroch auf die Rückbank.

»Zurück nach Weißensee.« Pankelows Gesicht war verspannt und blass.

Jana startete den Motor. Der Verkehrsfunk redete von Sperrung am Hauptbahnhof wegen Entschärfung einer Weltkriegsbombe, Sperrung der Mollstraße wegen eines geplatzten Wasserrohrs …

»Dauert wieder Stunden«, sagte Pankelow. »Wenn's nach mir gegangen wäre, wäre die A100 längst verlängert.«

»Ist aber nicht nach Ihnen gegangen«, sagte Sam.

»Wenn es nach mir gegangen wäre, hätten wir auch die karibische Mumie nicht besucht! Nichts Konstruktives hatte diese Frau beizutragen! Schlechteste Flughafenchefin aller Zeiten!«

»Sie hat von einem Brief gesprochen.«

»Weiß ich, was in ihrem Hirn durcheinandergeht? Ich habe nichts gegen Frauen. Aber manchmal sind sie keine Lösung.«

Jana fuhr durch den Grunewald, vorbei an alten Bäumen und Villen. Eine Gruppe Senioren preschte auf ihren E-Bikes aus einer Ausfahrt.

»Versprich mir, dass du sie nicht wiedersiehst«, sagte Pankelow.

Sam schwieg.

»Einsamkeit, Ressentiments, Rachsucht. Sie will dich gegen mich aufhetzen.«

»Warum wollten Sie, dass sie den Flughafen weiterbaut?«

»Im Aufsichtsrat waren sich alle einig. Die Rücksetzung des Terminals hätte man niemandem vermitteln können.«

»Sie sollte einen Brief vernichten.«

»Lächerlich.«

»Von wem war er?«

»Sam, ich weiß es nicht. Und jetzt ist Schluss.«

Die Männer schwiegen. Jana hatte sie mehrmals zusammen gefahren. Nie hatten sie so offen über die Arbeit geredet, schon gar nicht gestritten. Sie bog in die Paulsborner Straße.

»Ich fahre heute Abend noch mal hin«, sagte Sam.

»Sie lügt dir das Blaue vom Himmel, um dich ins Bett zu kriegen.«

»Vielleicht erfahre ich, was in dem Brief stand.«

»Halten Sie an«, sagte Pankelow. »Anhalten!«

Jana bremste und hielt an einer Bushaltestelle. Pankelow riss die Tür auf, sprang aus dem Wagen. Ging schnell, mit flatterndem Sakko, verschwand hinter Baufahrzeugen aus dem Blickfeld.

Jana zog die Tür zu. »Und jetzt?«

»In die Firma.«

»Ohne ihn?«

»Er kommt klar.«

»Er hat nicht mal seinen Mantel dabei.«

Hinter ihnen blendeten die Scheinwerfer eines Busses auf. Jana fuhr ein paar Meter und schaltete den Motor aus. Das war genau der Loyalitätskonflikt, den sie befürchtet hatte – ein Wagen, zwei Chefs.

»Ich bin seine Fahrerin«, sagte sie.

»Nicht mehr lange.«

»Wieso nicht?«

»Sie haben also keine Ahnung, wer er ist, ja?« Sam hielt ein Buch hoch, es musste unter dem Fahrersitz in den Fußraum gerutscht sein: *Fertig, aber nicht am Ende.* Pankelows Autobiografie, die sie seit ein paar Tagen las.

»Zufall«, stammelte sie. »Ich habe das Foto – «

»Seit wann wissen Sie Bescheid?«

»Ein paar Tagen.«

»Sie wussten es von Anfang an!«

»Das stimmt nicht!«

»Sie erkennen einen ehemaligen Bürgermeister nicht? Dessen Gesicht jahrelang jeden Tag in der Zeitung war?«

»Nicht in Bottrop! Bei seinem Rücktritt war ich fast noch ein Kind. Ich habe mich für Politik nicht interessiert. Und seitdem? Er tritt ja kaum noch auf. Keine Interviews, keine Talkshows.«

Feine Regentropfen fielen auf die Windschutzscheibe, legten sich wie Gaze über das Glas.

»Sie hätten die Wahrheit sagen müssen«, sagte Sam.

»Er hätte mir die Wahrheit sagen können. Er fand es nicht wichtig, ich auch nicht.«

»Was haben Sie noch über ihn gelesen?«

»Wikipedia, ein paar alte Zeitungsartikel … Neue Sachen gibts ja kaum. Er ist Privatmann. Er kocht gern für Freunde.«

»Er kann nicht kochen.«

»Stand auf *ZEIT online*.«

Der Bus fuhr an ihnen vorbei. Die Regentropfen vereinten sich zu größeren Tropfen, rannen an den Seiten hinunter.

»Steigen Sie aus, wenn Sie wollen«, sagte sie und startete den Motor. »Ich lasse ihn nicht im Regen stehen.«

Sie fuhr an. Wasser und Dreck verschmierten auf der Scheibe zu einem Film, sie musste dringend die Wischblätter auswechseln.

Pankelow war in die Cicerostraße gebogen, Richtung Kurfürstendamm. Sie fuhr ihm nach und sah die Menschentraube schon von Weitem. Fotografierende Touristen. Autos, die bremsten, Hände, die aus den Fenstern winkten. Pankelow stand inmitten der Traube, zwischen zwei Frauen in Anoraks und bunten Schals. Eine streckte ihren Selfie-Stick aus, Pankelow hatte seine Arme links und rechts um die Schultern gelegt.

»Bürgermeister der Herzen.« Sams Stimme klang, als müsse er sich vor Ekel übergeben.

Ein Kind näherte sich Pankelow mit Buntstift und einem Schulheft. Weitere Kinder fassten Mut, offenbar eine Ausflugsgruppe. Die Lehrer blieben am Rand stehen, nachsichtig lächelnd, da hatten ihre Schützlinge heute Nachmittag was zu erzählen.

»Wenn er Probleme hat, mit einer Niederlage nicht klarkommt«, sagte Sam, »braucht er die Masse. Tankt Beliebtheit wie ein Junkie seine Droge.«

»Klingt, als ob Sie ihn dafür verachten.«

»Weil es dieselben Leute sind, die hinter seinem Rücken schimpfen. Leserbriefe schreiben, sich im Internet aufregen. Sehen Sie den Fetten im Parka? Gleich erzählt er einen Flughafenwitz.«

Während Pankelow sein Autogramm auf den Armgips eines kleinen Jungen malte, beugte sich der Typ im Parka zu ihm und sabberte ihm etwas ins Ohr. Pankelow zuckte die Schultern, malte weiter.

»Warum gehen Berliner Politiker zu Karneval als Flughafen?«, fragte Sam.

»Keine Ahnung.«

»Damit sie am nächsten Tag nicht so fertig aussehen.«

»Oh Gott.«

»Was ist der Unterschied zwischen dem BER und dem Mars? Auf dem Mars sollen bald Menschen landen.«

Der Fette sabberte, schlug Pankelow auf den Rücken, brüllte vor Lachen.

»Fahren wir«, sagte Sam.

»Er wird klatschnass.«

»Er nimmt ein Taxi.«

»Hat er Geld dabei?«

»Fahren Sie! Ich halt das nicht aus!«

Pankelow blickte auf. Sah den Rometsch, einen Moment

verspannte sich sein Gesicht. Dann wandte er sich den Passanten zu, posierte für ein Selfie und machte einen lockeren Spruch.

19

Ich leg jetzt auf«, sagte Bienchen. »Ruf nie wieder an!« Aber sie legte nicht auf. Saß hinter ihrem Schreibtisch, den Hörer am Ohr, und lauschte. Es gehe voran, sagte die sanfte Stimme am anderen Ende, sie seien nahe am Ziel. Heute sei wieder der Abend.

»Ich will das nicht mehr«, flüsterte Bienchen.

Besser den Spatz in der Hand als die Taube auf dem Dach, sagte die Stimme; das hätten sie sich ihr Leben lang eingeredet. Aber nun sei die Taube zum Greifen nahe. Mehr als eine Taube, ein ganzer Taubenschlag! Sie hätten beide mehr verdient als den Spatz.

»Du hast gesagt, ich muss das nur einmal machen«, sagte Bienchen. »Dann zweimal, dreimal …«

Mit der Arbeit, die sie jetzt hatte, war ihr großes Glück widerfahren. Der Mann, der immer weiter gegangen war als andere, der immer mehr riskiert hatte – er hatte sie aus dem Bezirksamt Treptow-Köpenick geholt, in dem sie, dreißig Jahre nach seinem Abschied, immer noch im selben stickigen Büro gesessen hatte. Von einer Aufgabe hatte er gesprochen, einer großen Aufgabe, von Vertraulichkeit und Verantwortung, Loyalität und Verschwiegenheit. Wie hätte sie Nein sagen können? Und jetzt sollte sie diesen Mann hintergehen? Bienchen schaute ängstlich zur Tür. Aber da war niemand. Niemand kontrollierte, was sie machte, niemandem schien es wichtig Sie konnte sich einfach davonmachen, ohne dass es jemand merkte.

»Loyalität, Ingeborg?«, fragte die Stimme. »Was hat sie dir gebracht?«

Der Name. Die Stimme hatte ihren Namen genannt, den seit Jahren keiner mehr genannt hatte. Ingeborg, der Name hing an ihr wie eine Sträflingskette.

»Du verehrst den Mann«, sagte die Stimme, »du betest ihn an. Aber was bist du für ihn? Ein Werkzeug bist du, das man vergisst, wenn man es nicht mehr braucht.«

»Das stimmt nicht …«

»Er hat dich damals im Bezirksamt zurückgelassen. Er wird dich wieder zurücklassen. Du bedeutest ihm nichts.«

In letzter Zeit zwickte Ingeborg die Hüfte. So was konnte schlimmer werden, ganz schnell. Wie viel Zeit hatte sie noch, etwas aus ihrem Leben zu machen? Das Ruder herumzureißen, weg vom morastigen Ufer, an dem ihre Existenz seit Jahrzehnten dümpelte? »Guter alter Kahn«, hatte der Büroleiter im Bezirksamt Treptow-Köpenick zu ihr gesagt, wegen Belästigung hatten sie ihn später drangekriegt. Ein Kahn war für Lasten geschaffen, nicht fürs offene Meer.

»Ich darf das nicht tun«, flüsterte sie.

»Ingeborg …« Nun drängte die Stimme, klang erregt. Ihr müsse doch klar sein, dass es für Umkehr längst zu spät sei. Dass ein Auffliegen der Firma, für die sie arbeite, auch für sie den Stoß in den Abgrund bedeutete.

»Ich weiß von nichts.«

»Sicher? Du hast mir nie von den Kartons erzählt?«

Schweiß brach unter Bienchens Achseln aus. Ja, die hatte sie beiläufig erwähnt. Aber daraus konnte man ihr doch jetzt keinen Strick drehen!

»Ich will nicht«, flüsterte sie. »Ich will nicht.« Doch sie wusste längst, was die Stimme ihr, leise und schmeichelnd, bestätigte: Auf ihren Willen kam es nicht mehr an.

20

Der Regenschauer war vorbeigezogen. Sam hatte gesagt, er brauche frische Luft, wegen der Bombenentschärfung stehe sowieso die halbe Stadt im Stau. Also hatten sie den Rometsch am Kanzlerpark abgestellt und waren hinunter zur Spree gegangen. Sie saßen am Ufer, schauten auf das trübe Wasser, aus dem hin und wieder Luftblasen stiegen. Hinter den Bäumen erhob sich die Kuppel des Reichstags. Menschen bewegten sich darin wie gefangene Insekten.

Sam hob einen Kiesel auf, ditschte ihn über das Wasser. Er machte fünf Sprünge, bevor er gegen eine treibende Coladose prallte und versank.

Jana wusste: Die Autobiografie hatte sie verraten. Sie konnte nicht mehr die Ahnungslose spielen. Was bedeutete das für ihren Job? Sam hatte sie sicher nicht hierhergeführt, weil er frische Luft brauchte. Er wollte herauskriegen, wie viel sie über die Firma wusste. Oder er wollte einfach ein paar Minuten seine Macht genießen, bevor er den Autoschlüssel verlangte und ihr kündigte.

»Er hätte dich nicht einstellen dürfen«, sagte er.

»Er hat mich eingestellt, weil ich gut fahre.«

Sam nahm einen zweiten Kiesel, schleuderte ihn übers Wasser – sechs Sprünge, fast schaffte er es bis ans andere Ufer. »Du bist ihm zufällig in den Wagen gefahren? Ohne böse Absicht?« Sam war vom Sie zum Du gewechselt. Das konnte ein gutes Zeichen sein – oder im Gegenteil bedeuten, dass er jeden Respekt verloren hatte.

»Ich hatte eine Vorfahrt übersehen.«

»Und zufällig konntest du auch den Wagen reparieren.«

»Mein Vater hat eine Autowerkstatt.«

»Mein Vater hat ein koreanisches Restaurant. Ich kann trotzdem kein Bibim Bab.« Er rollte einen Kiesel in seiner Hand. Mit ihrer Antwort war er sichtlich unzufrieden.

»Ich bin für euch kein Risiko«, sagte sie. »Selbst wenn ich sage, dass ich den früheren Bürgermeister fahre – keiner wird mir glauben. Außerdem kenne ich in Berlin kaum jemanden.«

»Unterhaltet ihr euch während der Fahrt?«

»Manchmal.«

»Worüber?«

»Gestern habe ich ihm gesagt, dass ich gern ein paar Zentimeter größer wäre. Warum bin ich fünfzehn Jahre gewachsen und plötzlich hört mein Körper auf? Er hat von Plaque gesprochen. Die sich in den Zellen bildet und dafür sorgt, dass sie sich nicht länger teilen.«

»Veraltete Theorie, längst widerlegt.«

»Er meinte, dass diese Plaque auch in unserem Denken sitzt. Dass Menschen deshalb stagnieren und sich einrichten in dem, was sie sind. Auch wenn es sie nicht glücklich macht.«

So ungefähr hatte Pankelow das gesagt. Vor ein paar Tagen, nach einem Termin, der anscheinend nicht gut verlaufen war. Er hatte auf Mutlosigkeit geschimpft, auf Kleingeister, die vor lauter Fliegenbeinzählerei die Fliegen nicht sehen, und, ohne rechten Zusammenhang, auf das Bauaufsichtsamt im Landkreis Dahme-Spreewald.

»Größe ist unwichtig«, sagte Sam. »Du kompensierst. Wir kompensieren alle.«

Jana hätte gern gefragt, was Sam kompensierte. Aber sie traute sich nicht. Sam war ziemlich in allem das Gegenteil von Pankelow. Er lächelte nicht. Er redete wenig, und wenn, war er direkt bis zur Unhöflichkeit. Alles an ihm war ernst, immer schien es um alles zu gehen. Sie fragte sich, ob die beiden Männer ein Verhältnis hatten. Sie hatte keine Anzeichen bemerkt, aber vielleicht war ihre Antenne nicht gut. Nein, es war unwahrscheinlich. Im Netz hatte sie ein langes Porträt aus dem *Tagesspiegel* gefunden. Pankelow, das Findelkind. Der ewige Junggeselle. Ein Mann, dem nie eine Frau, nie ein Mann nahegekommen waren. »One-Man-Boygroup«, hatte der Journalist geschrieben.

»Warst du mal in Pisa?«, fragte Sam.

»Die Stadt mit dem Turm? Nein.«

»Der Bau wurde im zwölften Jahrhundert begonnen. Als man bei der dritten Etage war, hat man gemerkt, dass etwas nicht stimmt. Die Baumeister haben versucht zu kompensieren. Haben die Säulen an einer Seite kürzer gebaut, damit er gerade aussieht. Aber je mehr sie kompensierten, desto mehr neigte er sich. Erst 1990 hat man gesagt: ›Okay, Turm, wir akzeptieren, dass du schief bist. Wir versuchen nicht länger, dich zu etwas zu machen, was du nicht sein willst. Wir stabilisieren deine Fundamente, du darfst bleiben, was du bist.‹ Ich war vor ein paar Jahren da. Der Turm steht frei auf einer Wiese, alles voller Menschen. Der Turm berührt sie. Sie erkennen sich wieder.«

»Der Turm würde mir nicht gefallen.«

»Warum nicht?«

»Die Leute wollten einen geraden Turm. Also müssen die Baumeister ihn gerade bauen. Wenn er schief ist, weil das Fundament zu weich ist oder was weiß ich – dann müssen sie an einer anderen Stelle noch mal anfangen. Aber einfach sagen: ›Hey, Turm, wir akzeptieren, wie du bist‹? In Wahrheit sagen sie: ›Hey, wir akzeptieren, dass wir keinen Schimmer vom Turmbauen haben.‹«

»Er gilt als schönster Turm der Welt.«

»Mitleidsbonus. Ich, zum Beispiel, will die Rallye Dakar fahren. Auf einem Motorrad. Aber ich will sie nicht bloß fahren, sondern gewinnen. Als erste Frau, sonst muss ich gar nicht antreten. Wenn ich als Letzte durchs Ziel komme oder in eine Schlucht stürze, kann ich nicht sagen: Mein Motorrad wollte es so! Kommt her, macht Fotos, erkennt euch wieder!«

»Du kannst scheitern.«

»Ich komme aus Bottrop, ich bin Scheitern nicht gewohnt.«

Jetzt wars raus. Als erstem Menschen in Berlin hatte Jana ihm von der Rallye erzählt. Sie versuchte, in seinem Gesicht zu lesen, ob er ihren Traum toll oder dämlich fand – vergeblich.

Er zuckte bloß die Schultern und fragte: »Wieso bist du in Berlin, wenn du durch die Wüste fahren willst?«

»Die Rallye führt nicht mehr durch die Sahara. Sondern durch Südamerika, von Peru nach Argentinien. Ich fahre die Strecke ab, zeichne sie mit einer Helmkamera auf. Jede Kurve, jedes Schlagloch. Überlege genau, welche Maschine ich brauche, welche Ausrüstung, Techniker und so weiter. Dann mache ich eine Präsentation und geh an die Sponsoren ran.«

»Wie viel Geld brauchst du?«

»Zehntausend jetzt. Für die Rallye selbst mindestens siebzigtausend.«

Sam malte mit einer Spitze seiner Schuhe Figuren in den feuchten Sand. Die Schuhe sahen cool aus. Wie alles an ihm cool wirkte, obwohl er diese seltsamen Ansichten hatte. »Weißt du was? Du bist die Rallye noch nie gefahren. Wahrscheinlich warst du noch nie in Südamerika.«

»Stimmt. Aber sobald ich Geld habe –«

»Alles nur Gerede!« Er sprang auf, stieg die Treppe hoch, drei Stufen auf einmal.

»Warte!« Jana lief ihm nach. »Du hast recht. Ich habe noch nicht viel gemacht. Aber ich habe einen Plan, ich meins ernst. Ich bin mit einer früheren Rennfahrerin in Kontakt. Sie gibt mir Tipps, sie …«

Sein Telefon klingelte. Er entfernte sich ein paar Schritte, nahm den Anruf an, sprach leise und nickte. Er steckte sein Telefon in die Hosentasche. »Lass dir von Bienchen die letzten Stunden auszahlen. Und lass dich nie wieder blicken.«

»Was?«

»Hättest Paco besser nicht im Regen stehen lassen.«

»Ich wollte auf ihn warten!«

»Was wir wollen, zählt nicht. Sondern was wir tun.«

Er streckte die Hand nach dem Schlüssel aus. Ihre Hand zitterte, als sie in die Tasche griff. Er bluffte nur, ganz sicher. Gleich würde er lachen, sagen, es war nicht so gemeint … Sie holte den Schlüssel aus der Tasche. Er lachte nicht. Er hielt die Hand ausgestreckt und meinte es genau so.

»Ich habe in der Pizzeria gekündigt«, sagte sie, ein Zittern in der Stimme.

»Dein Problem.«

Kein Widerspruch möglich. Sie legte den Schlüssel in seine Hand.

»Ist besser so«, sagte er.

»Warum?«

»Weil du nichts begreifst.«

21

Minister Breyer stand im Jacob-Astor-Saal des Hotels Waldorf Astoria und hielt eine Rede vor Vertretern des Speditions- und Logistikverbandes. Deutschland als führende Exportnation … Erfolge, auf denen sich niemand ausruhen dürfe … Energiewende, Spannungen in Nahost, Herausforderung China. »Das deutsche Speditionsgewerbe ist eine Zukunftsbranche«, sagte er und blickte in zufriedene Gesichter. Ein Minister, der gestaltet und anpackt. Der Lichtblick einer schwachen, erschöpften Regierung. Minute sechzehn seiner Rede, er steuerte auf den Höhepunkt zu: die Einführung der Mobilitätsvignette. Sie war sein *brainchild,* seine *signature policy.* Die Mobilitätsvignette musste kommen. Sie war der Schlüssel zu einer Mobilitätspolitik der Zukunft. Seit Jahren war sie in der Diskussion, er, Breyer, hatte endlich ein tragfähiges Konzept vorgelegt. Umstritten war sie natürlich trotzdem. Man bezweifelte die technische Machbarkeit. Man fürchtete ausufernde Kosten. Bedenkenträger stellten sogar die Vereinbarkeit mit dem EU-Recht infrage. Breyer konterte mit: »Ökologisch und sozial … Schwelle nach vorn … Beitrag zur europäischen Gerechtigkeit.« Gerade wollte er sagen: »Scheitert die Vignette, scheitert unsere Zukunft« – da spürte er eine Erschütterung. Eine Änderung des Kraftfeldes im Raum. Er blickte von seinem Manuskript auf und sah den Vorstandschef von DHL hektisch über das Display seines Telefons wischen. Sah den Präsidenten des Logistikverbandes mit dem Geschäftsführer der Handelskammer flüstern. Sein Referent stand an der Tür, rang die schlaksigen Arme und zuckte die Schultern. Was bekam er hier gerade nicht mit?

Die Fahrstuhltür schloss sich hinter ihnen.

»Sie hätten es mir sagen müssen«, sagte Breyer.

»Ich bin genauso überrascht wie Sie.«

»Wie kann es sein, dass ich von dieser Sache nichts erfahre?«

»Wahrscheinlich bedeutet sie nichts.«

»Eine TÜV-Abnahme!«

»Eine Teilabnahme.«

»Die Entrauchungsanlage!« Die Entrauchungsanlage des BER war schon Gespött der Presse gewesen, da war Breyer noch Landesvorsitzender der Jungen Union. »Odebrecht sitzt in meinem Büro und sagt mir kein Wort?«

Die Fahrstuhltür öffnete sich. Das Foyer war voller Reporter, sie warteten allerdings nicht auf Breyer, sondern den chilenischen Rapper, für den auch seine Tochter schwärmte. Die Fahrstuhltür glitt wieder zu, ein Fotograf sah Breyer, drückte geistesgegenwärtig den Auslöser. Idiot, warum hatte er Breyer nicht oben, am Rednerpult fotografiert? Sie fuhren weiter in die Tiefgarage, Breyers Hand um die Mappe mit dem Redemanuskript verkrampft.

»Ihre Rede war sehr gut«, sagte Schnettke.

»Ausgerechnet, als ich die Mobilitätsvignette –«

»Jeder wird denken, Sie haben für die Kanzlerin gesprochen.«

»Ich bin nicht das Sprachrohr der Kanzlerin! Das ist mein Ressort!«

Wieder öffnete sich die Tür. Sie gingen durch das fahlgelbe Licht der Tiefgarage, vorbei an Betonsäulen und dunklen Limousinen, in denen Smartphone-Displays die Gesichter der Chauffeure beleuchteten. Breyer hätte nach seiner Rede bleiben müssen, mindestens auf ein Glas Sekt. Die Trauerfeier für den Fraktionsvize, sicher, solche Dinge konnte man nicht planen. Aber die Hintergrundgespräche mit den Industrievertretern waren das Wichtigste. Da hätte er sein Konzept erklären, Skeptiker überzeugen und mit Detailkenntnis punkten können. Heute war ein Tag, an dem alles schlecht lief.

»Herr Minister, auf ein Wort«, sagte Schnettke.

Sie blieben hinter einer Säule stehen, wenige Meter von ihrer Limousine entfernt.

»Dass Odebrecht Sie nicht informiert hat – ich bin sicher, es bedeutet nichts. Eine Unachtsamkeit, weiter nichts. Allerdings«, fügte er leise hinzu, »kann es natürlich sein, dass ich mich irre.«

»Was wollen Sie sagen?«

»Wenn Odebrecht die Baustelle in den Griff bekommt; wenn er einen Eröffnungstermin nennt, wenn er diesen Termin auch noch halten kann –«

»Halten Sie das für denkbar?«

»Ausschließen kann ich es nicht. Aber dann ist er der starke Mann, nicht Sie.«

»Es geht nicht um Personen, sondern um die Sache.«

»Sie sind das frische Gesicht im Kabinett – mit Hoffnung auf Höheres. Falls der Flughafen eines Tages eröffnet, falls der Drache am Boden liegt, darf Odebrecht nicht seinen Fuß auf den Kopf setzen. Sie müssen es sein.«

22

Weil du nichts begreifst.«

Jana saß in der Ringbahn. Unfähig zu einem klaren Gedanken, fuhr sie seit Stunden im Kreis.

»Du hast noch nie etwas geleistet!«

Gut, ja, sie hatte noch nichts geleistet. Aber sie war

neunzehn! Sie hatte ihr Leben noch vor sich! Und deshalb hatte sie ihren Job nicht verloren, ganz sicher nicht. Pankelow hatte ihren Rauswurf nicht verlangt, ein fieser Trick von Sam war das gewesen. Vom ersten Tag an hatte er sie misstrauisch beäugt, hatte sie für eine Spionin gehalten – für wen? Die Firma hatte mit dem neuen Flughafen zu tun, so viel wusste sie. Vermutlich war sie in fragwürdige Geschäfte verstrickt – wozu sonst die Geheimnistuerei? Die Kartons mit Ordnern, die Umschläge voller Geld. Vielleicht besser, wenn sie da raus war. Zur Villa fahren, von der Sekretärin das Geld für die letzten Stunden verlangen ... Nein! Wenn sie das tat, war es mit ihrem Job vorbei! Endgültig vorbei!

»Guten Tag, meine Damen und Herren, ich habe keine Arbeit, keine Wohnung, wäre dankbar, wenn Sie für mich und meinen Hund ...«

Jana floh aus der S-Bahn. Sie ertrug das Gedränge nicht, die Gerüche, die Bettler mit ihren Jogginghosen und verfilzten Hunden. In den ersten Tagen war ihr Berlin aufregend erschienen – die vielen Hautfarben, überall Graffiti und Straßenmusiker, schlafende Junkies in den Unterführungen. Jetzt lief sie auf einer überfüllten Brücke, unter ihr Gleise, Rolltreppe gesperrt, Baustelle, sie hatte keine Ahnung, wo sie ausgestiegen war, Norden, Osten, Süden, überall sah die Stadt gleich aus.

»Alles nur Gerede.«

Sams Blick, seine Verachtung ... Ausgerechnet ihm hatte sie von ihrem Traum erzählt. Es war ihr rausgerutscht, vielleicht hatte sie ihn beeindrucken wollen. Sie hatte ihre offene Flanke gezeigt – er hatte ohne Gnade reingestochen.

Alexanderplatz. Abendgrauer Himmel, Geruch von Bratwurst und gebrannten Mandeln. Bettelnde Romafrauen mit Pappbechern und Kindern im Arm. Alle wichen den Romafrauen und ihren Pappbechern aus. Niemand kümmerte sich um irgendwas. *Wenn keiner pfuscht ins Leben der anderen …* Eine Mercedes-Kolonne. Männer hinter den getönten Scheiben, bestimmt nur Männer. Sie hatten es geschafft, sie mussten niemandem ausweichen. Sie mussten auch keinen Fettgeruch einatmen. Mercedes mit eingebauter Vorfahrt – ein Reifen fiel in eine Pfütze, spritzte einen *Motz*-Verkäufer nass. Er stand unter dem S-Bahn-Bogen, hielt eine schlammbefleckte *Motz* hoch, als sei nichts passiert. Kälte, Nässe, Dreck, Menschen liefen im Halbkreis an ihm vorbei, bildeten, über ihre Telefone gebeugt, einen leeren Raum.

Jana atmete durch. Ging in gerader Linie auf den Verkäufer zu, durchstieß die Grenze und sagte: »Ich möchte eine *Motz* kaufen.«

»Ist von heute.«

»Schön, ich möchte sie kaufen.«

»Für einen Schlafplatz und etwas Warmes –«

Sie hielt ihm einen Fünf-Euro-Schein hin. Er steckte den Schein in die Hosentasche und wehrte sich nicht, als sie eine Zeitung aus seiner Hand zog. Kein Dank, kein Wechselgeld.

In der Straßenbahn blätterte Jana durch die Zeitung. Die Schlagzeilen waren die gleichen wie vor ein paar Tagen. Hunger auf der Straße, Kälte auf der Straße. Krätze, Läuse, verseuchte Spritzen … *Das Zeichen steht an der Wand!* Ein neuer Artikel über den Flughafen. Erweiterung des Terminals, gleichzeitig Abriss von Demokratie, Menschenrechten, Sozialsystemen. Menetekel der neuen Zeit, Billigflieger als Opium fürs Volk … Jana sah die leeren Gesichter um sich herum. Menschen erschöpft vom Funktionieren, Korrigieren, Optimieren, vom Verbergen ihrer Wunden.

»Was wir wollen, zählt nicht. Sondern was wir tun.«

Wenn Sam recht hatte? Jana wollte den Job zurück. Aber was war sie bereit zu tun? Sam hatte auch eine offene Flanke, dic windigen Geschäfte der Firma – sie musste sich nicht einfach geschlagen geben. Sie hatte, noch unscharf, eine Idee. Hektisch blätterte sie durch die Zeitung, bis sie das Impressum fand. Sie wählte die Nummer der Redaktion.

»Ich möchte einen Ihrer Journalisten sprechen.«

23

Versuchen Sie Ihr Glück im Tiergarten.« Die Stimme am Telefon hatte überrascht geklungen. Dass jemand einen Journalisten der *Motz* sprechen wollte, war offenbar seit Langem nicht vorgekommen.

Jana sah den Mann auf einer Bank sitzen, im fahlen Licht einer Parklaterne. Fast eine Stunde hatte sie gesucht, war über schlammige Wege und Wiesen geirrt. Sie hatte ihn gefunden, kein Zweifel. Er saß über einen Laptop gebeugt, tippte mit blau gefrorenen Fingern, die er immer wieder rieb und anhauchte. Er war in eine Wolldecke gehüllt, von seiner Kleidung sah sie eine speckige Lederweste mit vielen Taschen und Schuhe, wie sie Bauarbeiter trugen. Neben ihm standen eine Thermoskanne und ein Becher.

»Guten Abend, Herr Reichert«, sagte sie.

Der Mann tippte, ohne aufzusehen.

»Ich habe Ihre Artikel in der *Motz* gelesen.«

»Ich brauche euch nicht.«

»Ich finde sie sehr gut.«

»Steht es mit euch Therapeuten so schlimm? Müsst ihr eure Patienten von der Straße fischen? Geben Sie sich keine Mühe. Ausweis, Versicherungskarte – alles geklaut.«

»Ich bin nicht hier, um Ihnen zu helfen. Sondern weil ich Hilfe brauche.«

Jana hatte Fotos von ihm gegoogelt: Helmut Reichert, ein freundliches Gesicht mit Schnauzbart und gescheiteltem, hellblondem Haar. Die Fotos hatten wenig zu tun mit dem stoppelbärtigen, ausgezehrten Mann, der hier saß. Er trank einen Schluck aus seinem Becher und wischte sich mit dem Handrücken über den Mund.

»Ich bin hier wegen einer Freundin«, sagte sie. »Seit ein paar Wochen arbeitet sie als Fahrerin für eine Firma, über die sie kaum etwas weiß. Offenbar hat die Firma mit dem neuen Flughafen zu tun. Meine Freundin hat den Verdacht, dass sie in illegale Geschäfte verwickelt ist. Ich habe gesagt, dass das nicht sein kann. Dass bestimmt alles korrekt läuft und sich die Eröffnung nur ein bisschen verzögert.«

Reichert lachte höhnisch. Zog Rotz hoch, fingerte in seinen Taschen nach einem Papiertuch, fand nur zermatschte Reste.

»Ich habe Ihren Namen gegoogelt. Sie waren Redakteur bei der *Berliner Zeitung*. Sie haben über Wissenschaft und Technik geschrieben.«

»Haben mich rausgeworfen. Wurde ihnen zu radikal.«

»Dann waren Sie bei der *taz*.«

»Auch rausgeworfen.«

»*Junge Welt ...*«

»Rausgeworfen! Stellen Sie sich das vor! Mit dreiundfünfzig zu radikal für die *Junge Welt!*« Er schenkte aus der Thermoskanne dickflüssige, schwarze Brühe in den Becher. »Nehmen Sie einen Rat an von einem, der sich auskennt. Schlafen Sie in Berlin niemals ein. Sie erfrieren oder werden beraubt.«

»Meiner Freundin gehts nicht gut.«

»Soll den Job kündigen.«

»Sie braucht das Geld.«

»Ich kämpfe gegen diese Leute seit Jahren. Hat mich alles gekostet. Meine Arbeit, meine Gesundheit …«

»Aber warum?«

»Weil sie zu stark sind! Weil alle unter einer Decke stecken! Wissen Sie, wie viel dieser Flughafen kostet? Eineinhalb Millionen Euro – pro Tag! Bald werden es zweieinhalb Millionen sein. Dann drei, dann fünf … Und jetzt raten Sie, wohin das Geld fließt? *Wir bauen auf und reißen nieder! Wir haben Arbeit immer wieder!*« Er lachte, trank und wischte sich Rotz von der Nase.

»Aber es gibt doch Fortschritte«, sagte Jana. »Heute hat der TÜV die Entrauchungsanlage abgenommen.«

»Augenwischerei. Man wirft den Leuten was hin. ›Schaut, die Entrauchungsanlage! Das Monster! Bald dürft ihr von einem neuen Flughafen nach Malle und in die DomRep fliegen!‹ Gleichzeitig schließt man zwei Kindergärten und verschiebt die Sanierung von fünf Schulen. Und wissen Sie, was diese Leute tun, wenn sie die Stadt endgültig ruiniert haben? Bauen den Flughafen in Sperenberg neu!« Er hustete, hielt sich die Brust. »Beschreiben Sie Ihrer Freundin, wie ich aussehe. Wie ein Mann aussieht, der für die Wahrheit kämpft. Alles habe ich verloren. Aber den Kampf – den können sie mir nicht nehmen.« Er lachte grimmig.

»Als ich Ihren Namen im Netz gesucht habe …«

»Ich muss arbeiten.«

»Ich habe eine Verlagsvorschau gefunden, von 2012. Ein Buch von Ihnen war angekündigt, über den Flughafen. 2013 wurde es wieder angekündigt, dann noch mal 2015. Es ist aber nie erschienen.«

Reichert hörte auf zu tippen. Seine Lippen bebten.

»Damals waren Sie noch Redakteur bei der *Berliner Zeitung,* Sie wussten mehr als jeder andere über den Flughafen. Sie hätten den Menschen die Augen öffnen können.«

»Ich will darüber nicht reden.«

»Warum ist Ihr Buch nicht erschienen?«

»Aufhören!« Er wollte aufspringen, fiel zurück. Schweiß stand auf seiner Stirn. Er atmete heftig, blickte sich um. Hinter den Bäumen floss der Verkehr zäh Richtung Siegessäule. Er fragte: »Haben Sie Geld für ein Taxi?«

24

Zoë war nur zufällig hier. Sie hatte nicht kommen wollen, ganz sicher nicht. Aber der Weg von dem Spezialhandel, in dem sie Draht und Steckzylinder für ihre Pflanzen gekauft hatte, führte durch diese belebte Neuköllner Straße. Und vorbei am Eingang zu den Höfen. Sie blieb stehen. Kurz vor Ladenschluss, Menschen mit Einkaufstüten und Rollwagen liefen an ihr vorbei. Wie viele ahnten, was im letzten dieser Höfe, in dessen oberen Stockwerken passierte? Jetzt gingen zwei junge Männer hinein, Vollbärte, Sporttaschen über der Schulter, sie sahen aus wie Pädagogikstudenten oder Models für Buttermilchwerbung. Die doch nicht, dachte Zoë. Die hatten das nicht nötig! Aber das war eben der Irrtum. Viele Menschen hatten es nötig, von Woche zu Woche mehr, hatte Gesine gesagt. Deshalb war das, was sie dort hinten, fast ohne Kapital, nur mit Wille und Vision, aufgebaut hatte, so ein Erfolg. Mitgliedschaft nur auf Einladung. Der Monatsbeitrag an der Grenze dessen, was die meisten sich leisten konnten. Trotzdem übertraf die Nachfrage ihre Erwartungen.

Zoës Herz klopfte. Sie sollte hier nicht stehen. Was, wenn der Laden beschattet wurde? Wenn es nur eine Frage von Wochen, von Tagen war, bis die Polizei … Gesine hatte ihr versichert, das würde nicht passieren. Gesine war clever. Aber wenn sie falsch kalkulierte? Den Einfluss ihrer Mitglieder überschätzte?

Eine Frau auf einem Fahrrad kam aus dem Hof. Die war schon eher der Typ – mager, spitze Nase, ein wenig verhärmt. Erschöpft sah sie aus, aber auch zufrieden, fast erlöst. *Du bist nicht wie die, Zoë … Du brauchst das nicht … Du bist nicht glücklich, du hast deine Tiefs, manchmal zweifelst du an allem … Aber du kommst klar.*

Sie wendete sich zum Gehen, stieß fast mit einer Frau zusammen, die in den Hof bog. So eine? Unmöglich, die war zu alt. Auch nicht sportlich. Klein, korpulent, mit mächtigen Brüsten, grünem Lodenmantel und einer Hochsteckfrisur, wie sie nicht einmal mehr die Witwen in Wilmersdorf trugen.

Zoë folgte ihr. Das musste ein Irrtum sein, in den letzten Hof war diese Frau bestimmt nicht unterwegs. Oder sie war vom Ordnungsamt. Oder sogar eine Polizistin in Zivil. Sie hatte keine Sporttasche dabei, nur eine Handtasche, die sie mit beiden Händen an sich presste. Die Frau ging durch den ersten Hof, durch den zweiten. Mit jedem Hof wurde die Beleuchtung schlechter. Graffiti und obszöne Zeichnungen waren auf Mauern und Stahltüren geschmiert. Zerbrochene Flaschen und durchweichte Kartons lagen herum. Die Frau ging durch den dritten Hof, den vierten … Hier war es fast dunkel. In keinem der Fenster brannte Licht. Fünfter Hof. Man musste genau hinschauen, um zu sehen, dass in den oberen Etagen die Fenster erleuchtet, aber abgeklebt waren. Zoë hielt sich im Schatten der

Durchfahrt. Sah die Frau zur Stahltür am Ende des Hofes gehen. Eine kleine, dicke Hand streckte sich zur Tür, klopfte den Code. Die Tür wurde geöffnet, die Frau flüsterte etwas. Sie verschwand im Eingang wie eine Maus, die Stahltür schloss sich schnell hinter ihr. Wieso diese Frau?

Bienchen stieg die Treppe hoch, die Tasche wie ein Panzer vor ihrer Brust. Sie hatte Angst.

Sie stieg auf das Plakat zu, das auf Höhe des ersten Absatzes hing: »Wofür trainierst du, Genosse?« Darunter ein Mann und eine Frau, beide muskelbepackt, die hasserfüllt auf sie herunterblickten.

Erstes Stockwerk. Stöhnen, Poltern, Schlagen von Metall. Sie vermied es, nach rechts in den großen Raum zu sehen, hielt den Atem an, um nicht die schweißfeuchte Luft zu atmen. »Nimm das, du Schwein!«, schrie jemand, Metall klirrte. Sie ging auf die zweite Treppe zu, einem kühlen Luftzug entgegen. Ihre Knie zitterten, die Griffe ihrer Handtasche waren heiß und feucht. Wieder ein großer Raum zu ihrer Rechten, gebrüllte Kommandos, rhythmisches Stampfen. Von dort eine engere, steilere Treppe bis zu einer weiteren Stahltür. Sie stieß sie auf, stieg weitere Stufen hoch und trat in grünliches Licht. Die Luft war hier kälter und roch nicht mehr nach Schweiß, sondern nach Schimmel. Sie ging vorbei an Bottichen, Holzplanken, schimmeligen Badeliegen. Sie überprüfte mit der Hand ihre Frisur, obwohl sie sie schon auf der Hinfahrt im Taschenspiegel kontrolliert hatte, obwohl sie wusste, dass ihr Äußeres hier sowieso keine Rolle spielte.

Sie trat an den Rand des Schwimmbeckens. Sie sah den Schreibtisch und die Monitore, hörte das Surren der Computer. Von der Gestalt im Schreibtischsessel sah sie nur die Hände auf der Tastatur. Sie räusperte sich und sagte: »Ich bringe die Skorpione.«

25

Reichert hob einen Pflasterstein hoch, darunter lag ein Schlüssel. Er schloss das Garagentor auf und zog es ein Stück hoch. »Schnell. Bevor uns jemand sieht.«

Sie bückten sich, tauchten ins Dunkle. Er ließ das Tor hinter ihnen zufallen und drückte den Lichtschalter. Eine nackte Energiesparlampe hing von der Decke. Beschien Metallregale, übervoll mit Aktenordnern, Büchern, Zeitungsausschnitten, Stapeln eng bedruckten Papiers. An der anderen Wand Paletten mit Mineralwasser, Konservendosen, Nudel- und Linsenpackungen, Gaskartuschen bis unters Dach.

»Wozu brauchen Sie das alles?«, fragte Jana.

»Wenn die Plünderungen losgehen.«

»Glauben Sie, das wird passieren?«

»Der Aufstand muss kommen. Und dann werden wir kalte Winter haben. Sehr kalte Winter. Kann ich Ihnen was anbieten? Dose Cornedbeef?«

Jana schüttelte den Kopf. In einer Ecke standen ein Campingkocher und einige Dosen Petroleum. Daneben lag ein Schlafsack und gebrauchte Kleidung. Auf der Hinfahrt hatten sie an einem Spätkauf gehalten und ein Sechserpack Schultheiss gekauft. Reichert öffnete eine Flasche.

Jana zeigte auf einen Papierstapel. »Ist das Ihr Manuskript?«

»Der Prolog, von der Standortsuche bis zum Spatenstich. Knapp siebenhundert Seiten.«

»In der Vorschau stand: Taschenbuch, dreihundert Seiten.«

»Weil ich naiv war! Der Verlag wollte eine süffige Story

über Berliner Filz und Inkompetenz, mit einer humoristischen Note. Das Buch sollte mit der Eröffnung enden, bittersüßes Happy End.«

»Und dann?«

»Platzte die Eröffnung. Der Erscheinungstermin wurde verschoben. Und mir wurde klar, ich muss die Sache größer anlegen, vierhundert Seiten mindestens. Der Verlag war einverstanden. Die zweite Eröffnung platzte, dann die dritte. Ich witterte etwas Großes. Ich reichte die ersten fünfhundert Seiten ein. Der Lektor fand sie dunkel, faszinierend, vermisste aber den Humor. Über Humor war ich längst hinaus. Der Flughafen nahm mich gefangen, da war ein Sog, in die Tiefe. Dennoch dachte ich, ich habe die Sache im Griff.« Er lachte, wie im Unglauben über seine Naivität. »Können Sie ein Geheimnis für sich behalten?«

Er holte aus einem Büroschrank einen Packen Papier, gebunden in eine weinrote Kordel. Auf dem ersten Blatt stand eine einzige Zahl: *106 132.* Jana schlug das Deckblatt auf: Baupläne, Kurven, Diagramme. Sie blätterte durch die Seiten, überflog die Titel: »Bauhöhe« stand da, »Kabellänge«, »Rohrverschalung«, »Neigungswinkel«. Abkürzungen und Querverweise. Alle Seiten waren eng bedruckt, ergänzt durch handschriftliche Anmerkungen, meist Zahlen, manchmal Kommentare in einer reinlichen, winzig kleinen Schrift.

»Einhundertsechstausendeinhundertzweiunddreißig Mängel.« Reicherts Stimme bebte. »Das war die Zahl, die Gisela Hornbusch auf der Pressekonferenz am 20. März 2013 präsentierte. Meine Kollegen haben sich auf die offensichtlichen, verrückten Mängel gestürzt: falsch gepflanzte Bäume, Rohre, durch die Wasser nach oben fließen sollte, Heizkörper, die in den Lüftungsschächten montiert waren … Ich aber wollte begreifen. Alle Mängel wollte ich durchschauen, die großen und kleinen, die abgründigen und die banalen. Ich wollte begreifen, was der Flughafen wirklich ist. Ich fühlte mich auf einer Mission!«

Jana blätterte vor und zurück. Mängel und mehr Mängel … Verweise und Querverweise … Fußnoten zu Querverweisen … Immer wieder eingelegte Zeitungsausschnitte über gescheiterte TÜV-Abnahmen, explodierende Kosten, Verurteilungen wegen Korruption …

»Ich schlug der Redaktion eine Sonderausgabe der *Berliner Zeitung* vor: Abdruck des kompletten Mängelprotokolls. Der Chefredakteur sah mich seltsam an. Ich lief zum Verlag, warf meinem Lektor das Mängelprotokoll auf den Tisch: Das müsst ihr drucken! Startauflage einhundertsechstausendeinhundertzweiunddreißig! Gleicher seltsamer Blick. Den Ersten wurde ich zu radikal. Aber ich begann, gewisse Dinge klarer zu sehen. Zusammenhänge, die andere nicht durchschauten. Symptome eines Geflechts, das niemand begriff außer mir. Ich wurde reizbar und aggressiv. Einem Kollegen schüttete ich Kaffee über die Hand. Neues Manuskript, achthundert Seiten, der Verlag hielt sich bedeckt. Der Flughafen wurde mein Lebensinhalt. Und mein zweites Zuhause. Ich schnitt Löcher in Bauzäune. Brach Gullydeckel auf, unter denen Fluchtleitern ins Terminal führten. Ganze Nächte habe ich dort verbracht, ich kenne jeden Winkel. Sehen Sie hier!«

Er breitete Baupläne vor Jana aus. Skizzen der sich ständig erweiternden Ebenen, Treppen, Fluchtwege, Kabelschächte. Ein Terminal, das seit Jahren wucherte, ohne Ordnung, ohne Ziel.

»Pankelow trat zurück. Abgemagert, blass, fahrig … Amtsmüde, hieß es, ausgebrannt. Heute weiß ich, andere Kräfte standen dahinter.«

»Welche?«

»Kräfte, die er selbst geschaffen hatte! Denen er nicht mehr Herr wurde!«

Jana hatte ein Video von Pankelows Rücktritt gesehen. Gegen seine Gewohnheit hatte er eine Krawatte getragen. Er hatte vor den Journalisten einen Text abgelesen und sich verhaspelt. Er hatte versucht, einen lockeren Spruch zu machen, der Spruch hatte nicht gezündet. Er hatte das Podium mit gesenktem Blick verlassen, Fragen waren nicht zugelassen.

»Alle Mängel«, sagte Reichert, »stehen in Beziehung. Haupt- und Nebenmängel, Aktiv- und Passivmängel, statische und dynamische Mängel …«

»Dynamisch?«

»Hier zum Beispiel. Eine Fensterscheibe, das Glas zwei Millimeter zu dünn. Ein statischer Mangel. Wenn es aber durch den Rahmen tropft, wenn die Tropfen durch die Fliesen sickern und es in den falsch verlegten Kabeln zu einem Kurzschluss kommt, wird aus dem statischen ein dynamischer Mangel mit unabsehbaren Folgen.«

»Was ist das hier?« Sie zeigte auf einen Zeitungsausschnitt.

»Eines der ersten Menschenopfer des Flughafens. Junge Ingenieurin, tragischer Fall. Sie gehörte zu den Leuten, die die Mängel protokollieren sollten. Allerdings war sie der Meinung, sie hätte einen weiteren Mangel entdeckt, der es nicht ins Protokoll geschafft hatte. Für den es außer ihr keinen Zeugen gab. Er wurde zu ihrer fixen Idee. Sie glaubte, mit diesem Mangel dürfe der Flughafen nicht eröffnet werden, sonst würde etwas Schreckliches geschehen. Sie hat unzählige Briefe geschrieben und Veranstaltungen gestört. Alle haben über sie gelacht.«

»Was ist aus ihr geworden?«

Er zuckte die Schultern, fuhr mit einem Fingernagel über seine Pulsadern. »Sie hat wohl überlebt. Aber die Sache ist nicht vorbei.«

Er schlug den Packen zu. »Der Flughafen wird weitere

Opfer fordern, viele Opfer.« Er trug ihn zurück zum Büroschrank und schloss das Fach.

»Ich sollte gehen«, sagte Jana.

»Ich kann Ihnen Nudeln mit Thunfisch aufwärmen.«

»Lieber nicht.«

»In Ordnung, wenn Sie allein fahren?«

»Danke für Ihre Zeit.«

»Danke fürs Taxi und das Bier. Hätte ich mir ohne Sie nicht leisten können.«

»Ich werde meiner Freundin sagen, sie soll den Job kündigen.«

Reichert blickte sie an. Plötzlich lag Wärme, ja Zärtlichkeit in seinen Augen. »Es ist nicht Ihre Freundin, oder? Es sind Sie.«

»Woher wissen Sie – «

»Sie stöbern einen alten Mann im Tiergarten auf. Zahlen ein Taxi für den weiten Weg, folgen ihm in eine Garage im Gewerbehof, wo er Ihnen sonst was antun kann. Das Glühen Ihrer Augen, Ihre Fragen nach jedem Detail … So etwas macht man nicht für eine Freundin, die man für hysterisch hält. Das macht man für sich.«

Jana schluckte. »Ich bin in eine seltsame Sache geraten … Ich weiß nicht, wie …«

»Psst.« Er legte einen Finger auf ihre Lippen. »Ich gebe Ihnen einen guten Rat. Vergessen Sie den Flughafen. Denken Sie nicht an ihn, lesen Sie nichts über ihn. Verbannen Sie ihn aus Ihrem Leben. Schauen Sie mich an. Ich bin nicht mehr zu retten. Ich schreie die Wahrheit hinaus, solange ich noch kann. Sie sind jung. Für Sie ist es nicht zu spät.«

Reichert ging zum Garagentor, zog es ein Stück hoch, zeigte in die Nacht, die Kälte und den Regen. »Laufen Sie! Laufen Sie, solange Sie können!«

26

Sam ging auf das Terminal zu.

Dunstschleier schwebten über dem Rollfeld, er hörte seine Schritte gedämpft auf dem Asphalt, sah die Andeutung seines Schattens in den Schwaden. Je weiter er sich von den Lichtern des alten Flughafens entfernte, desto schwächer wurde der Schatten, desto leiser seine Schritte. Hinter den Schleiern erhob sich das neue Terminal wie eine Kathedrale im Nebel. Und obwohl Sam auf diese Kathedrale zuging, wurde sie nicht größer, schien nicht näher zu kommen. Ihm war, als bewege er sich in einem Zwischenreich ohne Raum und Zeit.

Am S-Bahnhof Schönefeld war er ausgestiegen und durch die lange, in grauer Vorzeit als Provisorium errichtete Passage zum alten Flughafen gelangt. Menschen, gestrandet seit Stunden und Tagen, kauerten zwischen Koffern, Rucksäcken, Trolleys. Sam stieß die Tür auf, Bewegung in der Masse: Er trug dunkle Kleidung, kein Gepäck, man hielt ihn für einen Mitarbeiter und bestürmte ihn: »Seit zwanzig Stunden kein Flug nach Torremolinos … Meine Mutter braucht Medikamente … Alle Toiletten verstopft … Wir haben Hunger …« Mit Drohungen und Vertröstungen wehrte er die Menschen ab, verließ das Gebäude durch einen Nebenausgang und passierte die Schranke zum Areal des neuen Flughafens. Hier kannte man ihn, vor allem nachts kam er regelmäßig. Der Wachmann in seinem Häuschen hob nur kurz den Kopf; wahrscheinlich hielt er ihn für einen Ingenieur oder Mechatroniker.

Sam zog den Reißverschluss seiner Jacke höher, er kam dem Terminal näher. Sicher, die Bauarbeiten machten

Fortschritte. Sprinklerdüsen wurden ausgetauscht. Brandschutztüren neu eingebaut. Kabelkanäle verbreitert. Gleichzeitig mussten siebenhundertfünfzig Monitore demontiert werden, weil ihre Elektronik, noch aus der Zeit der ersten geplatzten Eröffnung, mit der neuen Software nicht kompatibel war. Deshalb waren auch die Check-in-Schalter fürs ticketlose Check-in nicht mehr zu gebrauchen. Der Stahl in den Armierungen rostete. Werden und Vergehen. Der Flughafen wuchs, stand still und zerfiel, alles zur selben Zeit. Über diesen Punkt hatte er lange mit Pankelow diskutiert, in ihrer ersten Nacht in der Charlottenburger Bar. Es war die Nacht nach dem Rücktritt gewesen. Sam hatte den blassen, zusammengesunkenen Mann am Ende der Theke zunächst nicht erkannt. Sie waren ins Gespräch gekommen, wie jede Nacht unzählige Menschen in Bars miteinander ins Gespräch kamen. Doch bald hatten sie gespürt: Ihr Zusammentreffen war etwas Besonderes. Ihre so unterschiedlichen Energien kamen zusammen, vereinten sich, stießen das Tor auf zu neuen Möglichkeiten. Als sie sich im Morgengrauen getrennt hatten, übermüdet und euphorisiert, waren beide sicher gewesen: Das Schicksal hatte sie in dieser Nacht zusammengebracht.

Hinter dem Gate C17 gab es eine Notausgangstür, die sich nicht nach außen, sondern nach innen öffnete. Der Mangel war seit Jahren bekannt, aber nie behoben worden; die Tür war einfach zu praktisch. Unter der Panoramascheibe lagen tote Vögel, manche mit zerschmettertem Schädel. Eine Elster bewegte sich noch, schlug mit einem Flügel, der andere war gebrochen. Sam mochte Elstern. Als Kind hatte er sich mit einer angefreundet, die hinter dem Restaurant seiner Eltern ihr Nest gebaut hatte. Er hatte sie gefüttert, wenn er aus der Schule gekommen war. Die Elster drehte sich flügelschlagend im Kreis, Blut sickerte aus ihrem Gefieder. Sie würde sich nicht mehr erholen. Hier lag nichts herum, kein Ziegel, kein Zementsack, um ihr Leiden zu beenden. Ich kann nichts für dich tun, dachte er.

Er schlug die Tür auf, durchquerte einen mit Dämmplatten vollgestellten Wartebereich, fuhr auf der Rolltreppe in die Haupthalle. Die Rolltreppe bewegte sich lautlos, die Halle war still, alles hatte er für sich allein: Die glatt polierten Böden aus Jura-Kalkstein. Die Check-in-Inseln in warmem Nussbaum-Furnier. Die seit Jahren vermieteten und nie geöffneten Läden, die Laufbänder, die einmal im Monat bewegt wurden, die unendlich vielen Schalter, die regelmäßig gedrückt, gedreht und gekippt wurden. Stillstandsbetrieb nannte man das. Betrieb und Stillstand vereint in einem Wort, vereint in einem Bauwerk, Einheit des Unvereinbaren. Sam fühlte jedes Mal, wenn er herkam, den Schauder dieser Erkenntnis.

In der Mitte der Abflughalle blieb er stehen, unter einer Art fliegendem Teppich aus rotem, locker verflochtenem Metallgewebe, der sich *Magic Carpet* nannte. Kunst am Bau, vorgeschrieben durch Gesetz, geregelt durch eine stumpfsinnige Landeskunstförderungsverordnung. Eine Dornenkrone, die man seinem Flughafen aufgesetzt hatte. Doch seltsam: Gerade hier, stärker als irgendwo sonst, fühlte er die Seele des Flughafens. Dieses Wachsen eines einzigartigen Wesens. Ein Flughafen ohne Start, ohne Landung, ohne Flugzeuge, ohne Menschen. Der aus so vielen Hoffnungen und Erwartungen geboren war und ein Geschenk hatte werden sollen: für Berlin, für Deutschland, für die Völker der Welt.

Sam schloss die Augen. Manchmal, wenn er hier stand, hörte er nach wenigen Augenblicken eine Stimme zu ihm sprechen. »Ich … Ich will …«, mehr konnte sie noch nicht sagen. War das ein Hilferuf? Dank für alles, was Sam tat? Oder Angst vor dem eigenen Willen?

Er stand reglos. Er hörte seinen Atem, das Surren der Klimaanlagen. Aber heute war da keine Stimme. Es musste an ihm selbst liegen, zu viele Probleme kreisten in seinem Kopf: Hornbusch, der Streit mit Pankelow … Dann dieses Mädchen, das er mit einer Lüge entlassen hatte. Zunächst war sein Eindruck von ihr nicht schlecht gewesen; doch dann war sie krachend durch den Pisa-Test gefallen. Pankelow würde verlangen, dass Sam sie wieder einstellte.

Die Elster.

Sie lag draußen, flatterte, fror, verlor Blut. Sam musste sie erlösen, eher würde der Flughafen nicht zu ihm sprechen. Er schaute sich um. An einem Wandpaneel lehnte ein demontierter Monitor. Sam hob ihn an – das Gewicht würde reichen.

»Halt! Stehen bleiben!«

Ein Wachmann kam auf Sam zu, gerade als er sich den Monitor auf die Schulter hob. Der Wachmann trug Helm, Sicherheitsweste, Funkgerät und leuchtete ihm mit einer Taschenlampe ins Gesicht. »Was machen Sie da?«

»Ich soll die Monitore entsorgen.«

»Haben Sie Vollmacht?«

»Vom neuen Chef.«

»Schon wieder ein neuer?«

»Alles von unseren Steuern.«

»Sauerei.«

»Wird Zeit, dass sich was ändert.«

»Können Sie laut sagen.«

Sam legte die Finger an die Lippen, der Wachmann hob die Hand zum Gruß. Sam fuhr, den Monitor auf der Schulter, die Rolltreppe hinunter.

Draußen war es kälter geworden, Wind hatte sich erhoben. Sam trug den Monitor zum Gate 17. Schon von Weitem sah er, dass er zu spät kam. Die Elster bewegte sich nicht mehr. Ihr Kopf lag auf der Seite, das obere Auge starrte glasig ins Leere. Überall Asphalt, er konnte sie nicht einmal begraben, wie er es als Kind mit Vogeljungen getan hatte, die aus den Nestern gefallen waren. Er legte den Monitor auf den toten Vogel wie eine Grabplatte. Noch ein Opfer des Flughafens.

Er vergrub die Hände in den Taschen und ging zurück Richtung altem Terminal. Er fühlte Erschöpfung und Einsamkeit. Die Stimme hatte heute nicht zu ihm gesprochen. Mit der Arbeit kamen sie seit Wochen nicht voran. Warum nicht? Welches Geheimnis verhüllte der Flughafen vor ihnen?

Er ging schneller, Nebelschwaden hüllten ihn ein. Heute war die Entrauchungsanlage genehmigt worden. Morgen würde Odebrecht sein Zerstörungswerk fortsetzen, ohne Einsicht, ohne Gnade. Sam kämpfte gegen die Dummheit und die Zeit.

VIERTER TEIL

Am nächsten Tag

»Je höher wir uns erheben,
umso kleiner scheinen wir denen,
die nicht fliegen können.«

FRIEDRICH NIETZSCHE

27

Jana drückte die Ladentür auf. Sie roch Farne, Moos, feuchte Erde. Die Luft war warm und feucht. Sie schloss die Tür hinter sich und öffnete den Reißverschluss ihrer Jacke.

Sie war die einzige Kundin in dem kleinen Geschäft. Obwohl bei ihrem Eintritt eine Glocke geschellt hatte, kam niemand aus dem Hinterraum.

Sie betrachtete die Pflanzengestecke im Schaufenster, in den Regalen, auf dem Fußboden. Es waren nicht eigentlich Gestecke, eher Installationen aus Wucherungen, Verschlingungen. Pflanzen wuchsen aus Tonschalen verschiedener Höhe, vereinigten sich, verknoteten sich, bildeten wirre Formen, aus denen Zweige, Nadeln und Blätter ragten. Unmöglich zu sagen, welche Pflanze aus welchem Topf wuchs. Bei manchen hatte Jana den Eindruck, dass sie in der Umschlingung zusammengewachsen waren; andere sahen aus wie gepfropft. Die Gestecke waren Kunstwerke von düsterer, unergründlicher Kraft.

»Kann ich Ihnen helfen?«

Jana hatte die Frau nicht kommen hören. Doch nun stand sie hinter der Theke – zierlich, aufrecht, mit dunkelbraunen Locken, einem schmalen Gesicht und großen, wachsam blickenden Augen. Sie hatte Erde unter den Fingernägeln, Chlorophyllflecken an den Händen. Um ihre Handgelenke trug sie breite Lederarmbänder.

»Zoë Bennig?«, fragte Jana.

»Das bin ich.«

»Ich finde Ihre Pflanzen sehr schön.«

»Manche finden sie abstoßend.«

»Schön ist das falsche Wort. Eher …« Unheimlich, dachte sie. »Jemand hat Sie mir empfohlen.«

»Das freut mich.« Sie sagte es ohne Ausdruck von Freude.

»Allerdings nicht wegen Ihrer Pflanzen. Sondern wegen Ihres Berufs vorher.«

»Ich hatte vorher keinen Beruf.«

»Sie waren 2012 Teil des Teams.«

»Dazu kann ich nichts sagen.«

»Dass die Mängel am Flughafen …«

»Dazu will ich nichts sagen!« Haltung und Blick der Frau wurden hart.

»Sagt Ihnen der Name Helmut Reichert etwas?«, fragte Jana. »Ein Journalist. Er hat damals –«

»Ich erinnere mich. Er hat mir Fragen gestellt. Er war ein bisschen verrückt. Entschuldigen Sie, ich sitze an einem Auftrag. Schauen Sie sich um. Falls Sie sich für eine Arbeit interessieren …«

»Herr Reichert sagt, Sie hätten damals etwas gesehen, was niemand sonst gesehen hat.«

»Was sind Sie? Volontärin? Der Flughafen ist keine gute Story.«

»Warum nicht?«

»Weil jede gute Story einen Anfang hat, eine Mitte und ein Ende.«

»Sie meinen, das Ende fehlt?«

»Ich fürchte, es fehlen auch Anfang und Mitte.«

»Verstehe ich nicht.«

»Es ist besser, wenn Sie gehen.« Zoë Bennig stand hinter der Theke, die Hände vor der Brust verschränkt. Weiteres Verzögern sinnlos. Jana ging zur Tür, hatte die Klinke schon in der Hand.

»Wann haben Sie Reichert zuletzt gesehen?«, fragte Bennig.

»Gestern Abend.«

»Wie sah er aus?«

»Wie ein Obdachloser im Winter aussieht. Wenn er zu viel Alkohol trinkt und sich schlecht ernährt.«

»Schreibt er noch für die *Berliner Zeitung*?«

»Sie haben ihn überall rausgeschmissen.«

»Ich habe ihn gewarnt: Schreiben Sie über die Kanzler-U-Bahn, das Stadtschloss, irgendwas. Aber nicht über den Flughafen.«

»Alle schreiben über den Flughafen. Heute sind die Zeitungen voll wegen der Entrauchungsanlage.«

»Schreiberlinge, die an der Fassade kratzen. Reichert wollte mehr, er wollte verstehen.« Bennig trat aus dem Schutz ihrer Theke und musterte Jana. »Sind Sie schon einmal getaucht?«

»Nein.«

»Je tiefer Sie tauchen, desto höher der Stickstoffdruck in den Zellen. Wenn Sie zu tief tauchen, geraten Sie in einen Rausch. Sie halten sich für einen Fisch im Wasser. Wenn Sie die Gefahr erkennen – falls Sie sie erkennen –, ist es oft zu spät.«

»Man kommt wieder hoch, oder?«

»Es sei denn, Sie tauchen in Höhlen.«

Jana hatte bis in die Nacht über Zoë recherchiert. Die begabte angehende Ingenieurin, die in einen Schacht ohne Lüftungsklappen geklettert war. Kohlenmonoxid-Vergiftung, Halluzination, seitdem fixe Idee von einem Mangel, der sich in den Eingeweiden des Flughafens verborgen hält, den niemand kennt, der sich ausbreitet, alles bedroht … Jana hatte ein Video gefunden: Pankelow auf dem Schöneberger Kürbisfest. Er steht auf der Bühne, weißes Hemd, offener Kragen. Er hält eine Rede über die Kürbissuppe seiner Mutter, lockere Sprüche, die Menge feiert ihn. Eine zierliche, dunkel gelockte Frau klettert auf die Bühne. Sie hält ein Papier hoch, schreit, Handgemenge mit Sicherheitsleuten, sie zerren sie von der Bühne …

»Wir waren zwei Frauen, zehn Männer«, sagte Zoë. »Es gibt kaum weibliche Ingenieure, als Frau stehen Sie unter Druck. Sie wollen besonders tough sein, mehr geben als die anderen.«

»Sind Sie deshalb am letzten Tag in den Schacht geklettert?«

»Ich glaube, es war mehr ein Gefühl. Dass wir nicht alles wussten. Von Gefühlen dürfen Sie als Frau nicht reden. Aber da waren diese unendlich vielen Mängel. Wo kamen sie her? Wie hatten sie entstehen können? Da war etwas, das wir nicht begreifen, nicht messen konnten. Deshalb hat niemand darüber gesprochen.«

»Warum sind Sie in genau diesen Schacht geklettert?«

»Das weiß ich nicht mehr. Ich weiß auch nicht, wie tief ich geklettert bin. In meiner Erinnerung hat sich der Schacht am Ende geweitet, aber das kann schon der Beginn der Halluzination sein. Ich hatte kein Gefühl für den Raum mehr. Auch nicht für mein Gewicht oder die Zeit.«

Zoë zündete sich eine Zigarette an. Jana fand das seltsam, in einem Blumengeschäft. Doch Zoë sog heftig, wie jemand, der lange nicht geraucht hat und es jetzt dringend braucht.

»›Es ist nicht vorbei!‹ Das haben Sie geschrien, immer wieder. ›Es ist nicht vorbei!‹«

»Meine Kollegen haben mich nicht ernst genommen. Wie auch? Der Job hatte viel länger gedauert als geplant. Gisela Hornbusch, die Flughafenchefin, kam jeden Tag und machte Druck. Und am letzten Tag kommt eine vierundzwanzigjährige Ingenieurin, gerade ihr Diplom in der Tasche, Kopf puterrot wegen Kohlenmonoxid, und schreit: ›Einhundertsechstausendeinhundertzweiunddreißig Mängel sind nicht genug! Wir müssen noch mal nach unten!‹

Natürlich nimmt das keiner ernst.« Sie verstummte und sog an ihrer Zigarette. Rauchschwaden zogen durch die Farne und Blätter wie Nebel im Wald. »Ich habe Reichert gesehen, letzten Sommer im Tiergarten. Er saß wie ein Penner zwischen Decken und Plastiktüten, über seinen Laptop gekrümmt.«

»Er sitzt da immer noch.«

»Ich habe getan, als ob ich ihn nicht kenne. Manchmal denke ich, das ist das Schlimmste, was der Flughafen dieser Stadt antut – er saugt die Liebe heraus. Berlin ist kälter geworden, einsamer.«

»Wenn Sie noch einmal in den Schacht klettern könnten …«

»Ich würde ihn nicht mehr finden, das Terminal wurde ständig umgebaut.«

»Angenommen, Sie könnten die alten Pläne sehen. Die Schächte und Mängel von damals …«

»Es gibt keine Pläne.«

»Ich könnte sie besorgen.«

»Haben Sie nicht gehört? Ich will nicht!« Sie drückte ihre Zigarette aus. »Ich habe ein neues Leben begonnen. Mit den Pflanzen habe ich in der Therapie angefangen. Ich werde nicht reich, aber ich zahle meine Miete. Es geht mir gut.«

Die Tür ging auf, eine Kundin kam herein. Zoë ließ Jana stehen, redete mit der Frau, zeigte hier und dort auf einen Zweig, eine Blüte, zog mit dem Finger den verschlungenen Lauf einer Sukkulente nach.

Jana schrieb »Danke« und ihre Telefonnummer auf einen Zettel und legte ihn auf die Theke. Sie verließ den Laden. Schaute ein letztes Mal durchs Fenster. Zoë hob den Kopf, ihre Blicke trafen sich.

28

»Wir müssen ihnen bald was bieten«, sagte Pankelow.

»Wir wissen nicht genug«, sagte Sam.

Sie waren im Wintergarten versammelt. Chul, Dong und Seok saßen vor ihren Computern, taten, als seien sie in Arbeit vertieft. Pankelow saß halb auf einem Tisch, sein Schuh wippte in der Luft. Er kam nicht oft herunter. Am Anfang hatte es Sam irritiert, wie wenig er sich für die technische Seite ihrer Arbeit interessierte. Dass er nicht wissen wollte, was ein Algorithmus war, was die Layer auf den verschiedenen Ebenen eines künstlichen neuronalen Netzwerks leisteten. Sam hatte immer wieder Versuche gemacht, ihm wenigstens einige primitive Grundlagen zu erklären, etwa die Regeln Boolescher Operatoren (»Wähle die Dübel zu klein UND aus Plastik«, »Baue einen Lichtschalter, ABER KEINEN Kontakt zum Schließen des Schaltkreises«). Immer hatte Pankelow nach wenigen Minuten mit einem Schulterklopfen abgebrochen: »Du kümmerst dich um die Technik, ich kümmere mich um die Menschen.«

Doch nun war er sichtlich angespannt, obwohl die Kaffeetasse in der Hand, das Schlenkern seines Beins Souveränität vermitteln sollten. »Ich hatte eben ein unerfreuliches Telefonat mit den Spandauern. Weiß jemand, wer die Spandauer sind? Spanitec, Berlins größtes Sanitär-Unternehmen. Hochgekommen unter Diepgen, Staatsoper, Max-Schmeling-Halle, alles teuer saniert, die Töchter haben zusammen Pferde gestriegelt. Viele Kartons Material haben wir von ihnen bekommen, Informationen über Tausende Mängel, alles von den scharfen Kanten am Haartrockner bis zum Heißwasser in der Klospülung.«

»Dafür haben sie sich goldene Nasen verdient«, sagte Sam. Soweit er wusste, installierte Spanitec zum vierten Mal neue Wasserleitungen – zum vierten Mal mit neuen Rechnungen für die gleiche Arbeit.

»Die Zeiten sind vorbei«, sagte Pankelow. »Wenn ich dem alten Priewitz gesagt habe, kipp ein bisschen Spachtelmasse in die Ventilatoren, damit sich die Notstromaggregate überhitzen und die gesamte Anlage bei der nächsten Zwischenprüfung durch den TÜV fällt – dann waren am nächsten Tag die Ventilatoren zugespachtelt! Dann sind die Aggregate durch den TÜV gefallen!«

»Warum soll das nicht so weitergehen?«

»Weil Priewitz senior seit zwei Wochen unter der Erde liegt. Priewitz junior führt das Geschäft. Seine Söhne werden in der Schule als Kinder des Flughafenversagers beschimpft. Seine Frau berichtet von demütigenden Szenen im Fitnessstudio. Ihre Freundinnen erzählen Flughafenwitze, so laut, dass sie es unter der Sonnenbank hört. Er wollte ihr eine Smartwatch von Gucci schenken. Seine Frau öffnet die Schatulle und sagt, sie möchte das Geld lieber für Flüchtlinge spenden.«

»Soll sie es eben spenden.«

»Den Jungen geht es nicht länger um Geld, Sam. Es geht um Werte! Der alte Priewitz hat am Flughafen Geld verdient bis zum Abwinken. Der Sohn will einer von den Guten sein. Und er ist nicht der Einzige.«

Sam starrte auf seinen Monitor. Die Überwachungskameras zeigten das Terminal von außen. Die Landebahn, die Betankungsanlage. Sie zeigte die Lounge, die vor vielen Jahren für AirBerlin gebaut worden war und in der nun Arbeiter beim zweiten oder dritten Frühstück saßen.

»Seit Monaten erzähle ich den Leuten, wir sind an einer großen Sache dran«, sagte Pankelow.

»Sind wir.«

»Ich kann nicht ewig Versprechungen machen, die ich nicht halte!«

Sam musste sich zusammenreißen, um nicht etwas Verletzendes zu sagen. War Pankelows Zeit als Bürgermeister nicht ein einziges großes Versprechen gewesen? Kommt nach Berlin! Bringt eure Träume mit, eure Visionen, euren Selbstbetrug! Alles, woran ihr in New York, London, Magdeburg gescheitert seid – in Berlin werdet ihr es erreichen!

»Die Leute wollen Inhalt«, sagte Pankelow. »Sie wollen wissen, warum sie auf der Welt sind.«

Eine Live-Übertragung zeigte Odebrecht, der mit herrischen Gesten durch die Ankunftshalle lief, hinter ihm eine Traube Mitarbeiter, manche mit Schreibblock in der Hand, wie in Nordkorea. Odebrecht zeigte auf Fugen am Treppengeländer, durch die Isolierschaum quoll. Zeigte auf ein Sicherheitskabel, das mit regulären Kabeln über Kreuz lag. Er herrschte einen Mitarbeiter an, der kritzelte in seinen Block. Stück für Stück beseitigte Odebrecht die Mängel.

»Das ist der Feind!« Pankelow zeigte auf Odebrecht. »Der härteste Flughafenchef, den Berlin je hatte. Westfälisch, kompetent, skrupellos. Man munkelt, dass er auf der nächsten Aufsichtsratssitzung einen Eröffnungstermin präsentiert. Einen Termin, den er hält!«

»Das haben schon viele versucht«, sagte Sam.

»Odebrecht ist anders. Jeden Flughafen, ohne Ausnahme, hat er pünktlich eröffnet. Weißt du, womit die Unternehmen drohen? Dass sie auf seine Seite wechseln! Gestern hat mich ein Anlagenbauer aus Falkensee angerufen. Seit acht Jahren baut er die Gepäckförderbänder, reißt sie ab und baut sie neu. Odebrecht droht, er schreibt den Auftrag neu aus und gibt ihn ins Sauerland. Der Falkenseer sagt, bevor ein Sauerländer seine Gepäckförderbänder baut, baut er sie selbst. Und zwar so, dass der TÜV sie abnimmt!«

»Noch nie hat ein Flughafenchef einen Eröffnungstermin eingehalten.«

»Wie willst du es verhindern?«

Pankelow ging zur Tür. Drehte sich, den Griff in der Hand, noch einmal um. »Wisst ihr, was ein Marshmallow-Test ist? Wurde in den Sechzigerjahren von amerikanischen Psychologen entwickelt. In der einfachsten Variante stellt der Psychologe ein Kind vor die Wahl: Entweder es bekommt einen Marshmallow jetzt, oder es wartet zehn Minuten und bekommt drei. Je größer die Belohnung, je klüger das Kind, desto länger wartet es auf die Marshmallows. Aber es gibt einen dritten, entscheidenden Faktor: Vertrauen. Wenn das Kind den Versprechen des Psychologen nicht glaubt, wartet es keine zehn Sekunden. Es stopft sich alle Marshmallows in den Mund, die es kauen kann. Der BER ist die Mutter aller Marshmallows. Und wir haben es mit Kindern zu tun, schlecht erzogenen, gierigen Kindern. Entweder wir werfen ihnen ein paar Marshmallows hin, und zwar bald – oder wir verlieren die Kontrolle.«

Pankelow schlug die Tür hinter sich zu. Sam lehnte sich im Stuhl zurück und rieb seine Augen. Die Katze saß vor dem Fenster und leckte ihre Pfoten. Seine Kollegen sahen ihn fragend an. Zum ersten Mal glaubte er, auch in ihren Gesichtern Unsicherheit und Zweifel zu sehen.

Letzte Nacht hatten sie das Update installiert. Die Algorithmen ihres Modells reproduzierten nun perfekt sämtliche Mängel der Vergangenheit – aber sie generierten keine neuen. Im Gegenteil, das Modell schien zufrieden mit den Mängeln, die es hatte. Entweder das Modell war falsch. Oder der Flughafen wehrte sich tatsächlich nicht länger gegen Odebrecht, gegen die Zerstörung seiner Seele. »Ich will, ich will …«, hatte die Stimme geflüstert. Was war sein Wille? Wo war seine Kraft?

»Sam?«, fragte Chul.

»Was?«
»Wer sind eigentlich wir? In dem Marshmallow-Test?«
»Unwichtig. Bloß die, die das Marshmallow herstellen.«

29

Jana lag auf dem Bett und starrte an einen Riss im Deckenputz. Alle sagten ihr, sie sollte aufhören. Den Flughafen vergessen. Sich einen neuen Job suchen. Wahrscheinlich hatten sie recht. Aber egal wie Jana sich anstrengte – immer wieder kehrten ihre Gedanken zu Pankelow, zu Sam und zum Flughafen zurück.

Auf dem Nachttisch lag Pankelows Autobiografie. Erste Lebensjahre in Berlin-Rummelsburg. Einziger Sohn einer Trümmerfrau, Stunden vor dem Mauerfall in den Westteil geflohen. Kindheit voll materieller Entbehrungen, aber geborgen in mütterlicher Liebe. Erste Erfolge bei den Jungsozialisten, Stadtrat im Bezirksamt Treptow-Köpenick. Einzug ins Abgeordnetenhaus, jüngster Staatssekretär Berlins. In der Partei nennen sie ihn wegen seiner lockeren Art bald »Paco«. 2002 der berühmte Parteitag. Berlin in der Schuldenkrise, die SPD an die Wand gedrückt in einer Großen Koalition. Intrigen, Zerwürfnisse, Rücktritt des Vorsitzenden. Wer reißt das Ruder herum, gibt der Partei neue Hoffnung? Pankelow kandidiert für den Vorsitz, gilt aber als Außenseiter. Zu hartnäckig halten sich Gerüchte über sein Privatleben. Warum ist seine Mutter wirklich in den Westen geflohen? Warum sieht er ihr überhaupt nicht ähnlich? Seine große Rede. Der berühmte Satz, mit dem er alle Spekulationen einfach wegwischt: »Ich bin ein

Findelkind, und das ist auch gut so!« Jubelstürme, Traumergebnis, die SPD hat eine neue Lichtgestalt …

Sie kannte das inzwischen auswendig. Aber nichts davon half ihr weiter. Das Buch ins Altpapier werfen, das sollte sie tun. Pankelow war also kriminell geworden. Wirklich? Er hatte nicht die Biografie eines Mannes, dem Geld wichtig war. In seiner politischen Laufbahn hatte es nie Gerüchte um Korruption oder krumme Geschäfte gegeben. Es passte einfach nicht! Regen rann von der Fensterscheibe.

»Der Flughafen saugt die Liebe aus der Stadt.«

Konnte ein Flughafen das? Wenn ja, wie? Zoë Bennig hatte schon recht, Berlin war nicht, was Jana erwartet hatte. Was immer sie erwartet hatte, als sie am frühen Morgen aus dem Flixbus gestiegen war – nicht den Druck, nicht die Angst vor dem Nicht-mehr-Funktionieren. Im Süden von Berlin dieser Flughafen, der einfach nicht mitspielte. Und dem wahrscheinlich auch die Liebe egal war.

Ihr Telefon klingelte. Nein, Mama, ist gerade ganz schlecht. Die Mail war immer noch halb fertig in ihrem Telefon, sie musste sie endlich abschicken. Bloß fand sie die richtigen Worte nicht. Ihre Mutter war das Gegenteil vom Flughafen. Hatte ihr Leben lang funktioniert. Nie krank, nie verspätet, keine Ansprüche. Die Schulbrote in der Tupperdose, das Geschirr sauber (Geschirrspüler seit Monaten kaputt, kein Geld wegen Papas neuer Werkbank). War die Mutter nicht zu Hause, wusste jeder, wo sie war – bei Schlecker hinter der Kasse. Was hatte es ihr gebracht? Ein Blumenstrauß zum Muttertag. Hätte sie eines Morgens ihre Funktionen eingestellt – das schmutzige Geschirr im Abwasch, die Tupperdose leer –; vielleicht hätte die Familie sich Gedanken gemacht. Vielleicht, die Idee kam Jana das erste Mal, hätte ihr Vater sie dann nicht verlassen. Sie hatte Papas Neue nie gesehen, aber ihr Bruder hatte berichtet: »Ähnlicher Typ wie Mama, ein paar Jahre jünger. Weißt du, was komisch ist? Sie hat ein Problem mit der Niere. Alle paar Tage fährt Papa sie zur Dialyse.«

Dideldidel dim dim dim.

Jana ging in die Küche.

Konstantin saß über seinen Papieren. »Kann der Typ mal was anderes spielen?«

»Ist Mozart.«

»Hat Mozart nichts anderes komponiert?«

»Nur das.«

»Malte ist nicht der Einzige mit 'ner Prüfung.«

In den ersten Tagen hatte Konstantin sie ein paarmal angemacht. Ob sie einen Freund habe, ob sie in Berlin sei wegen Abenteuer, er kenne einen Trick, wie man todsicher ins Berghain komme ... Er sah gut aus, dunkler Typ, breite Schultern, fast wie Yannick. Aber Yannick war ein Weichei, er hatte sie verraten. Also hatte sie Konstantins Anmache abperlen lassen. Beim zweiten Mal war er betrunken oder bekifft gewesen, sentimental am frühen Morgen, sie kam gerade von der Nachtschicht. Dass es keine Frauen gebe, die »es wert sind«, hatte er lamentiert, eine würde ihm reichen, eine einzige, sie müsse es nur eben wert sein. Er hatte versucht, seinen Kopf gegen ihren Bauch zu pressen, sie hatte ihn weggedrückt. Sie wusste nicht, ob er sich daran erinnerte. Jetzt jedenfalls, in Sakko und mit randloser Brille, wirkte er kühl und geschäftsmäßig.

»Hast du nicht einen Nachtjob?«, fragte er.

»Nicht mehr«, sagte sie.

»Rausgeworfen?«

»Gekündigt, hatte einen Tagjob.«

»Und jetzt?«

»Hab ich auch nicht mehr.«

Er runzelte die Stirn. »Ich frag wegen der Miete.«

»Mach dir keine Sorgen.«

»Ist in zwei Tagen fällig.«

»Kriegst sie.«

»Gibt immer wieder diese Fälle. Leute kommen vom Dorf nach Berlin, denken, die Kohle liegt auf der Straße. Nach zwei Monaten können sie ihre Miete nicht zahlen.«

»Erstens ist Bottrop kein Dorf. Zweitens – «

»Ist auch menschlich besser, wenn's mit dem Geld klargeht.«

Er erinnerte sich also an den Morgen, dachte sie. Als er seinen Kopf an sie gepresst hatte, weil er hoffte, sie sei es wert. Und sie ihn weggedrückt hatte, weil sie fand, er sei es nicht. *Sam hat mich entlassen, weil er fand, ich bin es nicht wert.* Die Erkenntnis versetzte ihr einen Stich.

»Menschlich, geht klar«, sagte sie. »Ab heute habe ich wieder den Nachtjob.«

30

Diese Nachricht«, sagte Schnettke, »ist sehr, sehr gut.«

»In ein paar Tagen ist die Sache vergessen«, sagte Breyer.

»Ausgeschlossen. Der Mann ist nicht zu halten.«

Der Innenminister hatte sich mit einem Witz über Moslems und Schweinedarm unglücklich exponiert. Die Kanzlerin stand vor einer Reise durch mehrere Ölstaaten, sie musste das Problem vom Tisch räumen. Für eine größere Kabinettsumbildung, hieß es, sei sie bei diesem Wetter nicht in Stimmung. Das hieß, sie würde das Innenressort aus dem Kabinett heraus besetzen.

»Glauben Sie, Spreißel will?«, fragte Breyer.

»Sicher will er. Aber er hat Feinde.«

Auf dem Tisch lag die jüngste Meinungsumfrage. Sie

maß nicht die Beliebtheit von Politikern, sondern ihre Bekanntheit. Breyer lag bei achtundvierzig Prozent. Für einen Verkehrsminister war das respektabel, die Mobilitätsvignette hielt ihn im Gespräch. Spreißel allerdings, Gesundheitsminister und zwei Jahre jünger, lag bei einundachtzig Prozent. Die Pflegereform, natürlich. Andererseits war er nicht beliebt. Weder im Kabinett noch in der Fraktion, schon gar nicht bei den Krankenpflegern, die zu einer Demonstration aufgerufen hatten. Aber Beliebtheit wurde in der Politik überschätzt. Die Kanzlerin zum Beispiel – beliebt war sie nie gewesen. Die Leute hatten sich an sie gewöhnt, das war alles. Mit den Jahren flossen Beliebtheit und Gewöhnung ineinander wie bei einem alten Haustier. Innenminister. Schlüsselressort. Breyer schwindelte im Angesicht der Möglichkeiten.

»Ein Risiko allerdings gibt es«, sagte Schnettke. Er löste sich vom Türrahmen, kam auf ihn zu, seltsam verkrümmt, die Arme schlenkerten in den viel zu kurzen Ärmeln seines karierten Sakkos. Breyer fragte sich, nicht zum ersten Mal, warum Schnettke sich bei seinem Gehalt keine passenden Sakkos leistete. »Die Umfrage zeigt, dass knapp die Hälfte der Befragten Sie wahrnimmt. Fleiß, Disziplin, Pflichtbewusstsein sind die Eigenschaften, die man mit Ihnen verbindet. Von einem politischen Schwergewicht allerdings erwarten die Menschen mehr. Ein solcher Mensch muss vorangehen. Die Fackel hochhalten. Aufbrechen zum wilden Ufer.«

Aufbrechen zum wilden Ufer – manchmal redete sein Referent wie ein verkrachter Poet. Breyer saß in seinem Sessel, nippte an einer Tasse lauwarmem Kaffee. Er hatte letzte Nacht schlecht geschlafen, das Wetter drückte auf seinen Kreislauf.

»Erinnern Sie sich, Herr Minister, an Ihre Anfänge im Saarland? Den ersten großen Erfolg? Nicht die Mosel-

Saar-Trasse. Eine lokalpolitische Leistung, zweifellos. Aber damit sie möglich wurde, war eine andere Entscheidung notwendig. Eine schmerzhafte, mutige Entscheidung.«

Natürlich erinnerte Breyer sich. Die Sache hätte seine politische Karriere beenden können, bevor sie begonnen hatte.

»Ihr Ministerpräsident hatte nicht den Mut«, sagte Schnettke. »Aber auch Ihre anderen Parteifreunde hielten sich auf Distanz. Niemand hat Sie offen unterstützt.«

Sumpf, Neid und Intrigen. Seine Widersacher im Landesverband hatten erwartet, den Heißsporn stürzen zu sehen, und sich im Stillen die Hände gerieben.

»Die Brücke war bei den Spreitzbergern nicht beliebt. Sie klagten über Lärm und Schmutz. Mehrmals stürzten sich Menschen vom Geländer in den Tod. Aber niemand traute sich, den Saarländern die Wahrheit zu sagen. Sie, ein blutjunger Landesminister, sind vorangegangen. Sie haben geführt.«

All die Kämpfe von damals kamen bei Breyer wieder hoch. Dieselben Experten, die damals nicht an den Bau der Brücke geglaubt hatten, äußerten sich nun skeptisch über die Sprengung. Dann das Naturbiotop Hostenloch mit den brütenden Silberreihern. Die Benediktinerabtei mit dem historischen Kreuzgang … Den ganzen Winter hatte Breyer Diskussionen geführt, sich den Fragen besorgter Bürger gestellt. Nachts hatte er wach gelegen, gepeinigt von Zweifeln, ob es das alles wert war.

»Montag, 4. April. Sie haben alles auf eine Karte gesetzt.«

Blauer Himmel, weiße Wolken. Aber auch frischer Wind aus ungünstiger Richtung. Die Plastikplanen waren gegen Streben und Pfeiler der Brücke geschlagen. Breyer war gekommen, mit seiner Familie. Demonstranten hatten die Zufahrt blockiert, die Sprengung hatte sich über eine Stunde verzögert. Der Ministerpräsident, dieser

Feigling, hatte sich mit einem dringenden Termin in Kaiserslautern entschuldigt. Breyers Hand hatte gezittert, als er den symbolischen Sprengknopf gedrückt hatte. Die Brücke war gestürzt, wie sie stürzen sollte. Grollend waren die Trümmer ins Tal gefallen, Rauch- und Aschewolken waren in den Himmel gestiegen. Die Menschen hatten gejubelt, sein Sohn hatte auf seinen Schultern gesessen und in die Hände geklatscht: »Papa macht die Brücke tot!« Jeder wollte Breyer die Hand schütteln, alle waren plötzlich seine Freunde. Am nächsten Tag war sein Foto auf den Titelseiten von *Saarbrücker Zeitung* und *Rheinpfalz* gewesen: Er am Sprengknopf, die Miene entschlossen, im Hintergrund Wolken und Planen im Wind. Es war dieses Foto gewesen, das ihm den Weg nach Berlin geebnet hatte.

»Ich habe es für die Sache getan«, sagte Breyer.

»Sie wollten für die Menschen etwas erreichen.«

»Sollte mich die Kanzlerin für das Innenressort in die Pflicht nehmen …«

»Die Kanzlerin hat es gern alternativlos.«

Schnettke legte eine Mappe mit dem Marketingkonzept für die Mobilitätsvignette auf den Tisch. Die Agentur hatte ein Maskottchen entwickelt, ein Äffchen auf Rädern – immer in Bewegung, immer vorn am Start. Ds Äffchen hatte auch einen Song: *Die nette, die nette, die nette Mobilitätsvignette …* Ein Ohrwurm, hatte ihm der Marketingchef versichert, die Kinder würden ihn auf der Straße singen.

»Schnettke?«

»Herr Minister?«

»Was wollten Sie eigentlich sagen? Mit der Fackel und der Spreitzberg-Brücke?«

»Sie sind in Berlin.« Seine Stimme klang sanft. »Dies ist die Hauptstadt. Hier wird in anderen Dimensionen gedacht und gehandelt. Die Stadt verzeiht keine kleinen Schritte. Sie erwartet den großen Sprung.«

31

Ich habe einen Fehler gemacht«, sagte Jana. »Es tut mir leid.«

In der engen Küche roch es nach Mehl und geschmolzenem Käse. Das Radio spielte Hits aus einem Jahrzehnt, in dem Jana noch nicht geboren war. Manolo rollte Teig aus. »Haben sie dich rausgeworfen?«

»Ich habe gekündigt.«

»Ich dachte, sie zahlen so gut?«

»Geld ist nicht alles.«

Manolo bestrich den Teig mit Taurinsoße. Die gleichen Bewegungen seit Jahren, sie gehörten zu ihm, waren sein Wesen. Er lebte für seine Pizzen, und die Kunden waren ihm dafür dankbar. Sie würden ihn nicht vergessen, wenn er einmal nicht mehr da war. Auch seine Mitarbeiter würden sich erinnern, dass er sie immer gut behandelt hatte. Manolo, schoss ihr durch den Kopf, machte die Welt ein bisschen besser.

»Ist was?«, fragte er.

»Wieso?«

»Du guckst so.«

»Ich guck nicht.«

Auf dem Tisch lag eine Kladde: *Street Filosofee*, Ahmads Buchprojekt. Leben aus der Perspektive eines Pizza-Kuriers. Sex, Drogen, Kohlehydrate. Kunden auf Speed, Bullen auf der Lauer, Leben am Limit. *Du kannst nicht jeder Frau die Salami geben, die sie braucht.* Angeblich hatte er für sein Buch schon einen Verlag.

»Das Problem ist«, sagte sie, »dass ich mich ständig in Sachen mische, die mich nichts angehen.«

»Hm.«

»Weil ich verstehen will. Warum die Stadt so ist. Warum die Menschen so sind.«

»Und? Verstehst du's?«

»Keine Spur.«

»Eben.« Manolo wischte seine Arbeitsplatte, schärfte ein paar Messer. Schnitt Zwiebeln, Paprika, Auberginen.

»Wo ist Ahmad?«, fragte sie.

»Unterwegs.«

»Igor?«

»Unterwegs.«

»Rafiki?«

»Alle auf Tour.«

Schlecht. Kaum brauchte man einen Job, wurden alle Fahrer gesund. »Was zu reparieren?«

»Die Honda auf dem Hof. Getriebe.«

Das würde sie nicht hinkriegen. Sie war hier überflüssig, eigentlich konnte sie gehen. Draußen war es kalt.

»Erkläre mir eins«, sagte Manolo, »warum gehst du nicht zurück zur Schule?«

»Kann nicht.«

»Warum nicht?«

»Hab auf der Flucht eine Fensterscheibe zerschlagen.«

»Musst du eben bezahlen.«

»Ich habs mit Absicht gemacht. Damit ich nicht zurückkann.«

Das stimmte nicht ganz. Sie hatte die Scheibe einschlagen müssen, weil das Haupttor nachts abgeschlossen war. Aber das Splittern des Glases, das Aufbrechen des Rahmens – es war auch ein Akt der Befreiung gewesen. Alle sollten am nächsten Tag sehen: Sie war abgehauen, sie meinte es ernst.

»Wenn ich mich wieder in die Klasse setze«, sagte sie, »habe ich verloren. Dann sage ich den anderen: Ihr habt recht und ich unrecht.«

»Wer sind die anderen?«

»Die Schüler, die Lehrer.«

»Sind die anderen so wichtig?«

»Sie schreiben mir Mails, Whatsapp-Nachrichten, ich lösche sie. Weil ich Angst habe, dass sie mir wichtig werden.«

Ihr Telefon klingelte.

»Ich bins, Zoë Bennig. Sie haben gesagt, Sie können die Mängellisten bringen. Und die alten Pläne, mit den Schächten.«

»Bin nicht sicher.«

»Können Sie oder nicht?«

Sie hatte so was gesagt, ja. Aber vor allem hatte sie Reichert versprochen, niemandem von dem Protokoll zu erzählen. »Ich habs mir überlegt. Ich möchte mit der Sache nichts mehr zu tun haben.«

»Hat Reichert die Pläne?« Bennigs Stimme klang seltsam gepresst, als ob sie jemand zu diesem Gespräch zwang. Im Hintergrund hörte Jana eine andere Frauenstimme. »Ich habe ihn im Tiergarten gesucht, aber da war er nicht.«

»Er hat sie nicht.«

»Wenn ich die alten Pläne sehe … Die Stelle, wo ich in den Schacht geklettert bin …«

»Tut mir leid.« Jana legte auf.

Manolo hatte alles mitgehört. Aber er sagte nichts. Holte Pizzen aus dem Ofen, schob sie in Kartons und deutete auf den Schlüsselhaken an der Wand: »Eine Honda steht noch draußen. Zwei Calzone Cappuccino, eine Margarita Mate. Gehen in die Miezekatze.«

32

Sam loggte aus und fuhr seinen Computer herunter – einer dieser Tage, an deren Ende alles sinnlos schien. Das Update war nicht der Durchbruch, auf den sie gehofft hatten. Nein, so durfte er nicht denken. Das Update war kein Durchbruch, aber ein wichtiger Schritt.

Erweitere dich – Erweitere dich mit Mängeln – Setze die Mängel so, dass ihre Beseitigung den Faktor x der Bausumme und den Faktor y der Bauzeit kostet.

Das war es, was sie suchten. Die Architektur jenes neuronalen Netzwerkes, das im Herzen des Flughafens pulsierte. Die nicht weniger war als sein Wesen, sein Wille. Sam musste sich in Momenten wie diesen an die elementare Klarheit ihrer Aufgabe erinnern, um nicht zu verzweifeln.

Er zog seine Jacke an, die als letzte noch am Haken hing. Schon vor einer Stunde hatten seine Kollegen die Fahrräder aus dem Garten geschoben – nicht fröhlich wie sonst, sondern schweigend und bedrückt. Er setzte seinen Rucksack auf, löschte das Licht, schloss die Tür zum Wintergarten ab und stieg die Stufen hinauf.

Bienchen saß am Schreibtisch, im Schein der Leselampe über ein Buch gebeugt. Neben der Lampe stand das Foto ihres Sohnes. Sam blieb in der Diele stehen. Sie mochte ihn nicht, das war klar. Er wusste nicht, was genau ihrem Sohn passiert war – aber vermutlich gab sie ihm die Schuld. Eines Morgens hatte sie Sam und Pankelow angesprochen; ihr Helge habe, anders als alle seine Mitschüler, keinen Platz für ein Schülerpraktikum gefunden. Könne er nicht hier, es seien nur vier Wochen … Sam hatte ablehnen wollen, doch Pankelow – ganz Politiker, der nie Nein sagt, egal was es andere Leute kostet – hatte sofort eingewilligt. Also hatte sie ihn am nächsten Tag mitgebracht – einen wachsblassen, verkümmerten Jüngling, der aussah, als seien Glieder unterschiedlicher Körper falsch auf den Rumpf geschraubt. Er trug eine schwarze Hose und ein weißes Hemd, das Bienchen offenkundig für ihn gebügelt hatte. Er hatte Sam nicht angeblickt, er hatte niemanden angeblickt. Die ersten Tage seines Praktikums hatte er in der Teeküche gesessen und gegen die Wand gestarrt. Den Wintergarten durfte er nicht betreten, außer um Sushi und Bibim Bab vom koreanischen Lieferservice auf die Tische zu stellen. Helge war nicht dumm, im Gegenteil. Einmal war Sam mit ihm ins Gespräch gekommen und hatte erstaunt festgestellt, dass er über hervorragende Programmierkenntnisse verfügte. »Was willst du damit später machen?«, hatte er gefragt. Helge hatte etwas Unverständliches gemurmelt. Nach einer Woche hatte Sam ihn am frühen Morgen erwischt, wie er sich mit einem USB-Stick am Rechner von Seok zu schaffen machte. Daten hatte er nicht abgegriffen. Aber das war das Ende seines Praktikums gewesen, nicht einmal Bienchen hatte ihren Sohn verteidigt. Wenige Wochen später war sie in die Villa gekommen, Ringe unter den Augen, und hatte das Foto auf ihren Tisch gestellt. Was war passiert? Krankheit, Unfall? »Ich möchte nichts dazu sagen«, hatte Bienchen herausgepresst. Seitdem war über ihren Sohn nicht mehr gesprochen worden.

Heute Abend musste Sam mit ihr reden. Er wusste bloß nicht, wie er es anfangen sollte. Er trat an die Schwelle: »So spät noch im Büro?«

»Wir erwarten ein Paket. Der Paketdienst liefert bis zwanzig Uhr.« Der Umschlag ihres Buches zeigte ein Messer, von dem Blut tropfte.

»Gutes Buch?«, fragte er.

»Der Kommissar jagt in Malmö einen Serienmörder. Der Mörder hinterlässt Botschaften auf den Körpern der Opfer, die nur der Kommissar entziffern kann.«

»Ich nehme an, der Kommissar wird den Mörder fangen?«

»Natürlich wird er ihn fangen, sonst wärs nicht spannend.« Sie schob die Brille höher und blätterte eine Seite um.

»Wie wirkt Pankelow auf Sie in letzter Zeit?«, fragte Sam.

»Wie soll er wirken?«

»Sie kennen ihn länger als ich.«

»Er steht natürlich unter Druck. Aber er war immer ein harter Arbeiter. Das wurde in der Öffentlichkeit unterschätzt.« Sie ließ das Buch sinken. »Ich habe unter vielen Vorgesetzten gearbeitet, Männern wie Frauen. Was ich beobachtet habe: Männer verändern sich unter Druck anders als Frauen. Sie können gut mit Druck umgehen, wenn er von einer Seite kommt. Sie können es nicht so gut, wenn er von vielen Seiten kommt. Frauen kriegen Druck von einer Seite und knicken weg. Männer kriegen Druck von vielen Seiten und werden zermatscht. Das ist meine Meinung.« Sie lehnte sich zurück, schob die Brille höher und griff wieder nach dem Buch.

»Pankelow kriegt Druck von vielen Seiten«, sagte Sam.

»Sicher.«

»Das heißt, er wird zermatscht?«

»Aber nein! Doch nicht Männer seines Formats! Ich erzähle Ihnen eine Geschichte. Paco war ein junger Stadtrat, keine drei Monate im Bezirksamt, er musste sich behaupten. Er hatte ein Kirschblütenfest organisiert, ›Treptow grüßt Tokio‹. Die Grünanlage vor dem Bezirksamt war abgesperrt, Tribünen aufgebaut, alles war voller Eltern, Kinder, Würstchenbuden, der japanische Botschafter war eingetroffen. Da fiel uns auf: Vor dem Bezirksamt gab es keine Kirschbäume. Ein Kirschblütenfest ohne eine einzige Kirschblüte!«

»Wie kann das passieren?«

»Damals gabs noch den alten Pflaumenbaum, vermutlich hatte Paco ihn verwechselt. Jedenfalls waren alle blass vor Entsetzen, Herr Knobloch, der Leiter des Bezirksamts, wollte alles abblasen. Paco nimmt mich zur Seite: ›Bienchen, geh zu Edeka, kauf zwei Kilo Kirschen.‹ Als ich mit den Kirschen wieder da war, ist er aufs Podest gestiegen und hat eine Rede gehalten. ›Heute‹, hat er gerufen, ›ist der Beginn einer Tradition, die Treptow noch in zweihundert Jahren feiern wird. Jedes Kind bekommt eine Kirsche. Die darf es einpflanzen, wo es möchte. In ein paar Jahren werden überall Kirschbäume stehen, jeder mit dem Namen des Kindes, das ihn gepflanzt hat!‹ Die Kinder haben mir die Kirschen aus der Hand gerissen. Sie haben die Grünanlage umgegraben, Gräser und Büsche rausgerissen, ich musste noch mal zu Edeka und zwei Kilo nachkaufen.«

»Sind Kirschbäume gewachsen?«

»Ach was, kein einziger. Aber wir hatten ein wunderbares Fest. Der Botschafter hat uns allen stumm die Hand gedrückt. Alle waren sich einig, aus Paco wird in Berlin was Großes. Was ich sagen will: Jeder Mann macht hin und wieder Versprechen, die er nicht halten kann. Aber nur große Männer wissen, wann sie ein Versprechen fallen lassen müssen für ein neues Versprechen, das sie auch nicht halten.« Sie vertiefte sich wieder in ihr Buch. Doch ihre Augen glitzerten hinter der Lesebrille, sogar ihre Nasenlöcher schienen ein wenig geweitet.

»Sicher, dass das Paket noch kommt?«, fragte Sam.

»Ich warte bis zwanzig Uhr.«

Sam setzte seinen Rucksack auf, schloss seine Jacke. »Sie denken an die Alarmanlage?«

»Die vergesse ich nie.«

Er hob die Hand zum Gruß und ging.

Sie hörte die Tür zufallen. Sie lehnte sich zurück und atmete durch. Heute war wieder der Abend.

33

Es tat gut, wieder die Kälte zu spüren, Fahrtwind, den Asphalt unter den Reifen. Manolo hatte ihr die Tour gegeben, ohne viele Worte. Das bedeutete wahrscheinlich eine ganze Schicht. Fahren bis zum frühen Morgen. Zwischendurch ein Gute-Laune-Saft bei Bassam. Alle paar Tage ein bisschen Geld auf die Bank bringen. Keine Abkürzung, keine Verführung, freier Blick aufs Ziel. Was gab es Besseres? Die letzten Tage lagen hinter ihr wie ein schlechter Traum.

Sie lieferte die Pizzen in der *Miezekatze* ab. Die Frauen freuten sich, ein Freier hatte vor Kurzem Champagner spendiert, an der Provision verdienten sie mehr als am Sex. *»Mach einfach deinen Job, und den mach gut.«* Manolo hatte recht, aber etwas fehlte in seinem System: Achtung vor dem, was Menschen waren. Was sie taten, jeder auf seinem Weg, auch wenn er ihn sich nicht ausgesucht hatte. *»Wie viel CO2 wird bei so einer Rallye in die Luft geblasen?« – »Das ist total schlecht für die Indios!« – »Die fahren jedes Jahr ein paar Kinder tot!«* Vor allem Achtung vor dem, was Menschen wollten! Wenn es ihnen ernst war, wenn der Wille in ihnen brannte – dann hatten sie ihn sich nicht ausgesucht, genauso wenig wie ihre Augenfarbe!

Jana fuhr auf dem Kottbusser Damm Richtung Pizzeria. Ein weinrotes Coupé parkte am Straßenrand. Der

Rometsch? Sie fuhr weiter, es ging sie nichts an. Vollsperrung Kottbusser Brücke, Blaulicht, Krankenwagen. Sie drehte um. Tatsächlich, da stand der Rometsch. Die dunklen Seitenscheiben, die Stoßstange, die sie selbst repariert hatte – Verwechslung ausgeschlossen. Wut stieg in ihr hoch, sie fühlte ihr Herz pochen. Bürgermeister der Herzen! So ein Blender! Der Rometsch parkte vor einem libanesischen Restaurant. Clan-Kriminalität, großes Thema in der Berliner Presse. Unwillkürlich überfiel sie ein Bild: Bürgermeister der Herzen im Nebenraum, mit Wasserpfeife und arabischen Clan-Chefs. Sie stürmt herein, sprengt das Treffen, gerade als Umschläge mit viel Geld die Besitzer wechseln. Oder sollte sie gleich die Polizei rufen? Pankelow in Handschellen – das Handyfoto konnte sie an die BILD verkaufen!

Sie fuhr auf den Bordstein und schaltete den Motor aus. Sie überlegte, ob sie ihn im Restaurant stellen sollte oder draußen, ob sie den Helm absetzte oder lieber aufbehielt – da sah sie ihn herauskommen, allein. Er blieb vor dem Eingang stehen und atmete durch. Als habe er einen Termin hinter sich, der nicht gut verlaufen war, gar nicht gut. Er stieg in den Wagen, würgte beim Starten fast den Motor ab. Sie folgte ihm, unter ihrem Helm konnte er sie unmöglich erkennen.

Er hielt vor einer Bank und ging hinein. Sie sah ihn in einem Hinterraum verschwinden, vermutlich waren dort Schließfächer. Nach einigen Augenblicken kam er wieder heraus – ihr schien, das Sakko wölbte sich an seiner Brust. Er holte sein Telefon aus der Tasche. Er wählte, ging auf und ab, gestikulierte. Er sah in Janas Richtung, Autoscheinwerfer beschienen sein Gesicht. Er hatte Angst.

34

Bienchen stand an der Tür zum Wintergarten. Sie öffnete die Tür mit dem Zweitschlüssel. Sie wollte das hier nicht tun. Sie war ihr Leben lang loyal gewesen. Hatte an die Pflicht gedacht, an nichts als ihre Pflicht. Wohin hatte sie sie gebracht, die Pflicht? Wenn es plötzlich vorbei war mit dieser Firma, mit Paco – was sollte aus ihr werden? Gab es nicht hin und wieder auch eine Pflicht, an sich selbst zu denken?

Der Raum lag im Halbdunkel. Die Jalousien waren heruntergelassen. An den Computern flackerten grüne Lämpchen. Mehr Licht brauchte Bienchen nicht, sie machte das hier nicht zum ersten Mal. Über eine Stunde hatte sie beim ersten Mal gebraucht, inzwischen waren es nur noch ein paar Minuten. Alles Nötige trug sie in einem Brustbeutel.

Bienchen zog ihre Schuhe aus, stieg auf einen Stuhl, dann auf einen Tisch. Sie keuchte, das hier war anstrengender als Fensterputzen. Im Schatten der Lichtleiste hing der erste »Skorpion«. Sie hatte das grazile, titanschimmernde Gerät so genannt wegen seines Aussehens; Genaueres wollte sie nicht wissen, es ging sie nichts an. Sie holte einen Brieföffner aus dem Brustbeutel, löste die Saugnäpfe und ließ den Skorpion in ihren Beutel fallen. Sie holte einen neuen Skorpion aus dem Brustbeutel, drückte seine Saugnäpfe hinter die Leiste. Die ersten Male hatten die Skorpione keine präzisen Daten geliefert, es hatte sie viel Mühe gekostet, die richtigen Positionen zu finden: Zwei über der Lichtleiste, eine hinter dem Jalousiekasten. Die vierte – knifflig, aber anders war es nicht möglich – draußen, im masturbierenden Gartenzwerg. Sie bewegte den festen, aber gelenkigen Schwanz so, dass seine Spitze genau auf den Monitor am Fenster zeigte.

Der nächste Skorpion. Bienchen trat vorsichtig, über Tastaturen und Mousepads, auf den nächsten Tisch, griff an die Lichtleiste – und erstarrte. Hatte sich im Garten etwas bewegt? Hatte sie ein Knacken von Zweigen gehört? Durch die Jalousien war nichts zu erkennen. Sie stand mit angehaltenem Atem, ihren Arm zur Lichtleiste gereckt. Wahrscheinlich bloß die Katze der Nachbarn. Oder ihre Angst. Bienchen tat hier etwas Entsetzliches. Sie verriet den Mann, den sie mehr liebte als jeden Menschen auf der Welt.

Kein Geräusch, keine Bewegung im Garten. Sie atmete durch. Sie löste die Saugnäpfe und ließ den Skorpion in den Beutel fallen.

35

Seit einer halben Stunde schon folgte Jana dem Rometsch. Er war Richtung Süden gefahren, auf Nebenstraßen, als fürchte er Verfolgung. Hinter dem Müggelsee war er nach Osten abgebogen, Jana hatte Abstand halten müssen und den Wagen zweimal fast verloren. Sie fuhren durch einen Forstwald, auf einer schlecht asphaltierten Straße. Um nicht aufzufallen, löschte sie den Scheinwerfer.

Ihr Telefon vibrierte. Wahrscheinlich die Mutter. Oder Zoë Bennig, wegen des Protokolls. Ihre Stimme hatte seltsam verändert geklungen. Und da war eine Frau im Hintergrund gewesen. Hatte die Frau sie zu dem Anruf gezwungen? Jana konnte darüber jetzt nicht nachdenken.

Der Rometsch bog auf eine neu asphaltierte, zweispurige Straße, auf der keine Autos unterwegs waren. Durch den Helm hörte sie dumpfes Grollen, blickte hoch … Dicht über ihr flog ein Flugzeug. Rechts sah sie die Lichter der Landebahn, an ihrem Ende, wie planlos zusammengeschobene Baracken, die Terminals des alten Flughafens Schönefeld.

Bremslichter leuchteten auf, sie riss den Lenker herum. Der Rometsch bog, ohne zu blinken, in eine Stichstraße ein, die zu mehreren Lagerhallen führte. Sie erkannte sie wieder: Dort war, am ersten Tag ihres Jobs, der Motor mit der Plane vom Gerüst gefallen. Jana hielt am Straßenrand. Verstaute den Helm unter dem Sattel und schloss das Motorrad ab.

Sie ging auf die Hallen zu. Leuchtstofflampen über den Toren warfen fahles, schattenloses Licht auf drei Autos: den Rometsch, dessen Lichter gerade verlöschten, einen dunkelblauen Audi und ein schwarzes Porsche 911 Cabrio. Vor dem Audi standen drei Männer, ein älterer und zwei junge. Den Älteren hatte Jana damals in der Halle gesehen. Alle drei trugen dunkelbraune, schlecht geschnittene Anzüge und den gleichen Igel-Haarschnitt. Die Jüngeren, mit pickeligen, ausdruckslosen Gesichtern, mochten um die zwanzig sein und sahen aus wie Brüder. Alle drei beobachteten Pankelow, der aus dem Wagen stieg.

Jana duckte sich in einen Graben.

Die Männer begrüßten sich mit Handschlag. Pankelow rieb sich die Hände, machte einen lockeren Spruch, über den keiner lachte. Er lächelte, mühte sich um Konversation, als habe man sich hier zufällig getroffen und freue sich über das Wiedersehen. Der Ältere ließ sich eine Mappe reichen, öffnete sie, schlug mit dem Finger, dann mit der flachen Hand immer wieder auf eine Seite. Pankelow machte eine lässige Handbewegung, als sei die Mappe ohne Bedeutung. Der Ältere schlug weitere Seiten auf, Pankelow zuckte die Schultern – unwichtig, alles im grünen Bereich. Er griff in die Sakkotasche und holte ein Kuvert heraus, öffnete es und zeigte Geldscheine: groß und violett, solche Scheine hatte Jana noch nie gesehen. Er fächerte sie auf. Hielt sie dem Mann hin, viele Scheine, er musste nur zugreifen. Die Jüngeren glotzten gierig.

Da öffnete sich die Fahrertür des Porsche. Ein alter, dürrer Mann stieg heraus. Obwohl er sich auf einen Stock stützte, hielt er sich sehr aufrecht, als er vor Pankelow stand. Es gab einen kurzen, scharfen Wortwechsel. Der Alte flüsterte ein Kommando: Die jungen Männer schlugen zu. Schlugen Pankelow in den Magen, ans Kinn, aufs Brustbein. Er sackte zu Boden, die Geldscheine flatterten aus seiner Hand, Wind wehte sie über den Parkplatz. Pankelow wand sich im Dreck, die Jungen traten ihm in die Seite …

Der Alte bedeutete mit einer Handbewegung, dass es genug sei. Trat an Pankelow heran. Bohrte ihm die Spitze seines Stocks auf die Brust, spuckte ihm ins Gesicht. Die Männer stiegen zurück in ihre Wagen. Der Porsche drehte eine Kurve, einen Moment glaubte Jana, er wolle Pankelow überrollen. Doch er fuhr dicht an ihm vorbei, gerade so, dass Pankelow aus einer Pfütze Wasser über den Anzug spritzte. Die Wagen fuhren an Jana vorbei und verschwanden in der Dunkelheit.

Jana kletterte aus dem Graben, lief auf Pankelow zu, der sich keuchend aufstützte. Er sah Janas Schatten auf dem Asphalt, blickte hoch: »Sie?«

»Bleiben Sie liegen.«

»Was machen Sie hier?«

»Ich rufe einen Krankenwagen.«

»Bloß nicht.«

»Sie müssen in die Notaufnahme.«

»Keine Ärzte.«

»Ich hole den Erste-Hilfe-Kasten.« Sie lief zum Rometsch, holte den Kasten aus dem Kofferraum. Für die Führerscheinprüfung hatte sie einen Erste-Hilfe-Kurs gemacht. Ansprechen des Opfers, stabile Seitenlage, Blutstillung …

»Wer waren die Typen?«, fragte sie.

»Treskeit, dieser Lump … Priewitz, von Spanitec …«

»Und die Jungs?«

»Seine Söhne. Sollten lernen, wie man mit Politikern verhandelt.«

Sie öffnete den Kasten: Heftpflaster, Mullbinden, Kompressen. Wunden reinigen, desinfizieren …

»Aah!«

»Das ist die Jod-Salbe.«

Pflaster aufkleben, Pflaster zu klein, Kompresse auflegen, Kompresse hält nicht …

»Ich fänds besser, wenn ich Sie in die Notaufnahme fahre.«

»Damit alle Selfies machen?«

»Die Wunden müssen genäht werden.«

»Ich bin Bürgermeister der Herzen!«

Patchwork aus Pflaster und Kompresse improvisieren, Mullbinde rumwickeln, Hauptsache, es hält irgendwie …

»Was wollten die von Ihnen?«

»Geld jedenfalls nicht.«

Überall auf dem Parkplatz lagen die Geldscheine, leuchteten violett wie abgestürzte Schmetterlinge.

Jana stützte Pankelows Arm. Er zog sich an Jana hoch, verzog vor Schmerz das Gesicht. Jana durchsuchte den Erste-Hilfe-Kasten, fand Ibuprofen-Tabletten, drückte drei aus der Folie. Pankelow schluckte sie hinunter, ohne Fragen zu stellen.

»Hüte dich vor Managern, die kein Geld wollen«, sagte er. »Solange sie korrupt sind, fressen sie dir aus der Hand.

Entdecken sie ihre Moral, werden sie zu Bestien.« Die Lampen zeichneten kaltes Licht auf sein verdrecktes und verschrammtes Gesicht. Den schiefen Verband auf der Stirn, das Hemd mit dem eingerissenen Kragen, seinen Anzug voller Blutflecken.

»Wir müssen das Geld einsammeln«, sagte sie.

»Nehmen Sie, nehmen Sie …«

Sie hob einen Schein auf: Ein Fünfhunderter, so was hatte sie noch nie in der Hand gehabt. Da vorn in der Pfütze lagen zwei, aneinandergeklebt, weitere lagen unter dem Rometsch. Dreitausend Euro … dreieinhalbtausend Euro … Und zwei Scheine unter dem Hangartor, viereinhalbtausend Euro … Scheine wehten an ihr vorbei in die Dunkelheit, aber da, hinter der Halle, blieben welche im Gestrüpp hängen, fünftausend, sechstausend …

Sie hob den Kopf. Am Horizont schwebte, wie eine Fata Morgana, das neue Terminal. Jana hatte es in den Zeitungen und im Netz gesehen, fotografiert bei Tag und bei Nacht, in Regen und Sonnenschein. Doch nie war sie ihm so nahe gekommen. Sie stand auf, schaute in sein geheimnisvolles Licht. Je länger sie stand, desto mehr schien ihr, der Flughafen schaute zurück. Schaute lächelnd in ihr Herz und sah dort etwas, das sie selbst nicht begriff.

»Das ist, wofür sich alles lohnt«, hörte sie Pankelow.

»Er ist wunderschön.«

»Keine Stadt hat so einen Flughafen. Wird ihn nie haben.«

»Er wird nicht eröffnen, oder?«

»Niemals. Das ist mein Versprechen an die Stadt.«

36

Sam trat aus dem Fahrstuhl. »Hier«, sagte er und wickelte das Papier aus. »Ich dachte, es passt zur Einrichtung.«

In der Gegensprechanlage hatte Hornbuschs Stimme noch irritiert geklungen. »Von Pankelow, der Koreaner«, hatte er gesagt und das Summen der Tür gehört. Die Leute erinnerten sich immer, wenn man »Koreaner« sagte.

»Sie kommen gerade richtig«, sagte Hornbusch und führte ihn durch eine kleine Diele ins Wohnzimmer. Sie trug einen weißen Trainingsanzug und Sportschuhe aus Leinen. Einen Augenblick kam Sam sich dämlich vor, mit seinen weißen Rosen. Die schenkte man zur Beerdigung, daran hatte er zu spät gedacht. Aber Hornbusch sagte: »Die sind wirklich schön«, ging in die Küche und holte aus einem Unterschrank eine Marmorvase. »Setzen Sie sich.«

Sam setzte sich in einen der Korbsessel. Ihm fiel auf, wie viele Weißtöne es in diesem Haus gab: perlmutt, elfenbein, aschfarben, marmoriert, dazu das Licht aus zahllosen, gedimmten Lampen unter Schirmen aus Seide, Glas und Pergament.

»Ich kriege nicht mehr oft Blumen geschenkt«, sagte sie, während sie Wasser in die Vase füllte. »Einerseits will ich's auch nicht, andererseits – man freut sich doch. Wo stellen wir sie hin?«

»Auf den Lautsprecher?«

»Da vibriert sie.«

»Neben den CD-Ständer.«

»Gute Idee.«

Auf dem Couchtisch stand eine Flasche ohne Etikett, gefüllt mit einer klaren Flüssigkeit. Eine alte Frau, die abends allein in ihrem Penthouse saß und sich volllaufen ließ, dachte Sam und war einen Moment enttäuscht.

»Sie müssen entschuldigen, heute Abend bin ich sentimental«, sagte sie und stellte die Vase ins Licht eines Deckenstrahlers.

»Warum?«

»Trinken Sie Alkohol?«

»In letzter Zeit nicht.«

»Heute Abend trinken Sie.« Sie stellte ein Glas hin. »Schenken Sie sich ein. Aber riechen Sie zuerst.«

Sam hob das Glas an die Nase. Er roch Wacholder, Thymian, Rosmarin. »Gin.«

»Geht es genauer?«

Er schloss die Augen und trank einen Schluck. Geschmack von Blumenwiesen, Wald und schattigem Moos. Harz an einer Baumrinde … Wildbeeren am schattigen Bach … »Guter, sehr guter Gin.« Jeder Schluck war, als gehe man durch freie Natur, mache mit jedem Schritt eine Entdeckung … »Vermutlich der beste Gin, den ich je getrunken habe.«

»Ich finanziere eine Gin-Destillerie im Schwarzwald. Zwei Jungs, der eine ist ein guter Vermarkter. Der andere ist verrückt. Sie haben schon einen Haufen Preise gewonnen. Aber Tom, so heißt der Verrückte, war nie zufrieden. Das Geheimnis jedes Gins sind die *Botanicals*, Aromen aus Kräutern, Blüten, Wurzeln. Über fünfzig hatten sie schon drin. Aber zum vollkommenen Gin, behauptete Tom, fehlte etwas. Er hat gesucht. War tage-, wochenlang im Schwarzwald unterwegs auf der Suche nach der einen, entscheidenden Zutat. Nachts haben wir telefoniert, ich hatte Angst, er dreht durch. Vor ein paar Stunden kam diese Flasche an. Ein Zettel, nur zwei Wörter: Am Ziel.«

»Es ist auch Ihr Erfolg.«

»Ich gebe bloß das Geld.«

»Macht die Destillerie keinen Gewinn?«

»Je größer der Erfolg, desto höher die Verluste.« Sie schenkte sich ein. Probierte. Probierte noch einmal. Ließ sich in einen Sessel fallen und sagte: »Am Ziel.«

»Was, glauben Sie, ist die Zutat?«

»Er wird es niemandem verraten.« Sie betrachtete ihn aufmerksam. »Aber Sie sind nicht mit weißen Rosen gekommen, um Gin zu trinken.«

Er suchte nach Worten. Er hatte sich eine Einleitung zurechtgelegt: Kompetente Flughafen-Chefin, Wille zur Wahrheit, von der Politik übel mitgespielt … Er merkte, dass nichts davon passte.

»Weiß Pankelow, dass Sie hier sind?«

»Nein.«

»Haben Sie sich gestritten?«

»Ein bisschen.«

»Die wildesten Gerüchte sind über Sie beide im Umlauf.«

»Von wem?«

»Einem früheren Staatssekretär aus Brandenburg.«

»Treskeit? Verwirrter alter Mann.«

»Er ist nicht der Einzige. Und wenn nur die Hälfte stimmt … Wahrscheinlich müsste ich Anzeige erstatten. Betrug, Bestechung, Vorteilsnahme …«

»Es geht uns nicht ums Geld.«

»Ihnen vielleicht nicht. Aber den anderen. Alle verdienen prächtig am Flughafen, solange er nicht fertig wird. Nichts hat sich geändert seit damals. Absolut nichts.«

Sam spürte die Wirkung des Gins. Aber auf eine Art, die sein Denken nicht benebelte, sondern klar machte. »Wir wissen beide, dass die Mängel am Flughafen kein Zufall sind. Sondern ein System haben, eine Ordnung.«

»Gewagte Spekulation.«

»Ich kann es beweisen.«

Auf einem Beistelltischchen lagen ein Schreibblock und ein Kugelschreiber. Sam riss ein Blatt herunter und skizzierte. »Einfache induktive Vorschrift. Wir haben den Induktionsanfang n = 1, den ersten Bauabschnitt. Der Bauabschnitt enthält Fehler f(1), also die Funktion, die jedem Bauabschnitt die Art der gemachten Fehler zuordnet. So weit klar?«

»Junger Mann, ich bin Ingenieurin.«

»Bei allem Respekt – viele Menschen, die an diesem Flughafen gescheitert sind, waren Ingenieure.«

Ihre Lippen wurden schmal, einen Moment glaubte er, er war zu weit gegangen. »Verzeihen Sie«, sagte er, »aber wenn wir den Flughafen verstehen wollen, müssen wir vieles von dem, was wir zu wissen glauben, infrage stellen. Wir müssen bei null anfangen.«

»Na schön. Was ist Ihre Induktion?«

»Der Schritt von n nach $n + 1$, also von 1 nach 2, 2 nach 3 und so weiter. Jedes Mal, wenn der Flughafen zum n-ten Mal erweitert wird, wird er mit Fehlern $f(n)$ erweitert. Wenn das bis zum m-ten Bauabschnitt so läuft, haben wir die Fehler $f(1) + f(2) +$ und so weiter bis $f(m)$. Das gilt für alle $m > 0$.«

Hornbusch blickte aufs Papier: »Sie definieren keine Obergrenze für m. Sie behaupten, dass sich der Flughafen ad infinitum erweitert, mit immer neuen Fehlern.«

»Er tut das seit dem ersten Spatenstich!«

Hornbusch stellte ihr Glas ab, nahm den Zettel in die Hand. »Ihre Induktion schließt einfach von einem Fehler auf die nächsten. Aber was mich bei meinem ersten Besuch auf der Baustelle beeindruckt hat, war nicht die Menge der Mängel, sondern ihre Vielfalt. Nichts war, wie es sollte, absolut nichts. Aber von einer Rolltreppe, die zu kurz ist, können Sie nicht auf eine Drehtür schließen, die sich nicht dreht.«

»Sind Sie sicher?«

»Bestenfalls können Sie kurze Kausalketten definieren. Undichtes Heizungsrohr: Mangel A. Offenes Starkstromkabel – Mangel B. Wasser, das aus dem Heizungsrohr aufs Kabel tropft, Kurzschluss – Mangel C.«

»Was, wenn die Kausalketten zu komplex für unser Begreifen sind? Wenn es Korrelationen gibt, die wir nicht durchschauen?«

»›Zu hoch für unser Begreifen‹ geht als These immer. Wo ist Ihr Beweis?«

Sam seufzte. »Wir sind noch nicht so weit. Deshalb sammeln wir – alle Informationen, zu allen Mängeln, von den ersten Planungen Ende der Neunziger bis heute. Was wir wissen: Korruption und Schlamperei haben periphere Bedeutung, sie sind Folge, nicht Ursache. Menschliches Handeln allein erklärt hier nichts. Wir glauben, die Erklärung liegt im Flughafen selbst.«

»Sie reden, als habe er ein Gehirn.«

»Wir glauben, in den vielen Jahren des Bauens und Umbauens, der Verlegung immer neuer Kabel wurde ein gigantisches neuronales Netzwerk geschaffen.«

»Im Flughafen oder im Terminal?«

»Die höchste Mangelverdichtung haben wir im Terminal. Dübel, Trassen, Schächte, Sie finden keinen Kubikmeter ohne Mangel. Aber die Energie strahlt aus dem Terminal heraus. Wir finden Mängel Hunderte Meter entfernt.«

»Die Befeuerung der Landebahn.«

»Zum Beispiel.« Sam warf den Kugelschreiber auf den Tisch und fiel in seinen Sessel zurück. »Und? Glauben Sie mir?«

»Gestatten Sie einer alten Ingenieurin Skepsis.« Hornbusch schenkte die Gläser erneut ein.

Sam trank, schmeckte Wildblumen und Nadelholz, fühlte die Wärme des Alkohols – und einen Anflug von

Neid. Dieser Tom aus dem Schwarzwald hatte sein Ziel erreicht, er hatte das Geheimnis des vollkommenen Gins entdeckt – er konnte sich im Moos ausstrecken und sterben. Wie weit war Sam entfernt vom Geheimnis des Flughafens? Würde er ihm jemals näher kommen?

»Als Pankelow und ich bei Ihnen waren«, sagte er, »haben Sie von einem Brief gesprochen.«

»Darüber will ich nicht reden.« Hornbusch stand auf, trug die Gläser zur Küche.

»Es gibt Gerüchte, dass ein unentdeckter Mangel –«

»Ich will nicht!«

Sam stand auch auf. Er fühlte sich ein bisschen betrunken – aber nicht betrunken genug, um sich abweisen zu lassen. Sie stand an der Spüle, Sam fasste sie an den Schultern. Ihr Körper fühlte sich zerbrechlicher an, als er gedacht hatte. »Was, Frau Hornbusch, stand in dem Brief?«

37

Bei Tina und Horst – Bienchen blieb vor der Tür des Lokals stehen. Von innen hörte sie Lachen und gedämpfte Musik, sah Bewegung hinter grün getönten Scheiben. Vor neunzehn Jahren war sie das erste und einzige Mal hier gewesen. Gab es Tina und Horst wirklich?

Sie wollte die Tür aufdrücken, aber sie zögerte. Was hatte sie hier verloren? Alkohol, primitive Musik, Enthemmung, Absturz ohne Reue – dies war nicht ihre Welt. Warum ausgerechnet hier? Ausgerechnet heute? »Wir müssen reden«, hatte er gesagt. Mit einer Stimme, die immer noch weich und klebrig klang, wie vergorene Marmelade.

Sie stieß die Tür auf, trat in den Nebel von Zigarettenrauch. Getäfelte Bar, Spiegel an der Rückwand, davor viele Flaschen mit bunten Schnäpsen – alles wie vor neunzehn Jahren. Männerköpfe drehten sich in ihre Richtung, karierte Oberhemden spannten sich über Bäuche, Geruch von Parfum, Alkohol und Achselschweiß. Die Männerköpfe drehten sich wieder weg, Bienchen war nicht das, worauf sie warteten ... In ihrem Leben hatte sie eine Menge verpasst, aber hier hatte sie eindeutig nichts verpasst. Wahrscheinlich hing auf der Toilette noch der Kondomautomat. Er hatte sie damals erschreckt in seiner Schamlosigkeit, eine Mark für zwei »Lümmeltüten«, so hatten sie die Frauen genannt, während sie ihre Nasen puderten oder Lippen nachschminkten. Manches Mal hatte sich Bienchen in späteren Jahren verflucht, das Markstück nicht hineingeworfen zu haben. Viele Sorgen wären ihr erspart geblieben mit einer einzigen Lümmeltüte.

Er saß am Ende des Schankraums, allein an einem Tisch, vor einem Glas Sprudelwasser. Er trug einen seiner karierten Anzüge, die er damals schon getragen hatte, die Ärmel zu kurz, die Schultern zu eng. Für solche Körper gab es keine Anzüge von der Stange, da musste man eben Geld für einen Schneider auf den Tisch legen. Hatte er keinen Freund in der Partei, der ihm das sagte? Bienchen arbeitete sich durch das Gedränge, er sah sie näher kommen, lächelte, deutete auf die Garderobenstange an der Wand, kaum zu erkennen unter Bergen von Jacken, Mänteln, Mützen. Da würde sie ihren Mantel ganz bestimmt nicht hinhängen, das Ungeziefer bekam sie nie wieder raus. Sie legte ihren Mantel auf einen freien Stuhl und setzte sich.

»Wir zwei Hübschen«, sagte er.

»Du bist nicht hübsch, ich bin nicht hübsch«, sagte sie. »Nie gewesen.«

»Wir werden es sein.«

»Red keinen Unsinn.«

»Wir sind in einem Alter, in dem man noch eine Menge machen kann.«

»Was willst du an dir machen? Den Rücken?«

Sie wäre damals nie in dieser Spelunke gelandet, wäre es nicht Pacos letzter Abend im Bezirksamt gewesen. Alle hatten gewusst, der Tag würde kommen. Ein junger Mann, gut aussehend, voller Talent und Tatendrang, natürlich konnte das Bezirksamt nur eine Sprosse auf der Leiter sein. Doch für Bienchen war das Abschiedsfest der letzte Nagel in den Sarg ihrer Liebe gewesen. In der U-Bahn war sie hin- und hergefahren, die Augen tränennass. In Moabit war sie ausgestiegen, ohne Grund, außer dass in Moabit eben jede Hoffnung endete. Sie war durch dunkle Straßen geirrt, hatte die grünen Fenster gesehen, die Musik gehört. »Ein Schiff wird kommen« – in Moabit! Wie verblendet konnte man sein? Hineinmarschiert war sie, hatte sich an die Theke gestellt und einen Likör bestellt. Da war dieser schlanke Mann im karierten Sakko gewesen, mit Rundrücken und einschmeichelnder Stimme. Sie erinnerte sich an Liköre und mehr Liköre. Danach, nur noch verwischt, einen gemeinsamen Gang zur Herrentoilette …

»Was möchtest du trinken?«, fragte er.

»Eine Molle.«

Die Bedienung, ein junges Ding mit Metallringen im Gesicht, starrte sie verständnislos an. Vor neunzehn Jahren hatte man hier noch gewusst, was eine Molle ist.

»Ein Bier«, sagte Schnettke.

Das Mädchen ging.

»Hast du sie dabei?«, fragte er.

»Das ist das letzte Mal.«

»Gib sie mir unter dem Tisch.«

»Hier?«

»Niemand achtet auf uns.«

Mit schwitzigen Fingern holte Bienchen das Beutelchen aus der Tasche, streckte unter dem Tisch den Arm aus. Schnettke hielt ihre Hand fest: »Es läuft sehr gut für uns.«

»Warum soll es auf einmal gut laufen?«

»Als ob die Sterne sich für uns ordnen.«

»Die Sterne ordnen sich nicht. Schon gar nicht für uns.«

»Wie viel Geld hast du?«

»Nicht der Rede wert.«

»Du hast dir nie etwas gegönnt.«

»Ich habe den Jungen großgezogen.«

»Wie viel, Ingeborg?«

»Dreißigtausend … vierzigtausend …«

Sogar mehr, Bienchen hatte jeden Monat etwas zurückgelegt für schlechte Zeiten. Die schlechten Zeiten waren auch gekommen, aber auf eine Art, gegen die man mit Geld nichts machen konnte.

»Anleihen? Sparvertrag?«, fragte Schnettke.

»Ein bisschen dies, ein bisschen das …«

»Lös alles auf. Du kannst Hunderttausende machen, Millionen. Aber wenn der Zeitpunkt da ist, muss es flüssig sein.« Er streichelte Bienchens Hand mit dem Daumen. »Du hast mir immer viel bedeutet.«

»Hör auf.«

»Keine war wie du.«

»Hättest mich ja heiraten können.«

»Du weißt, dass das nicht ging.«

»Deinen Sohn hast du verleugnet.«

»Ich habe jeden Monat gezahlt.«

»Verleugnet hast du ihn trotzdem.«

»Als es zwischen euch das Zerwürfnis gab? Zu wem ist er gekommen?«

»Weil er deine Alimente wollte.«

Er verzog bekümmert das Gesicht. »Hat jemand nach ihm gefragt?«

»Ein Anruf von der Schule. Ich habe gesagt, er ist volljährig, der Rest geht mich nichts an. Ich schäme mich nicht, Schnettke: Der Tag, als ich wusste, er ist weg und kommt nicht wieder – es war ein Tag der Befreiung.« Sofort brach ihr Schweiß aus. Nie hatte sie so offen über die Gefühle für ihren Sohn, genauer: das Fehlen jeder Gefühle gesprochen. Keine Reue, kein schlechtes Gewissen. Etwas war in dieser Kaschemme, das sie enthemmte, schon damals enthemmt hatte. Das dumme Ding stellte das Bier hin, Bienchen trank in großen Schlucken.

»Die jungen Leute, mit denen er in Kontakt ist …«, sagte Schnettke.

»Ich will das gar nicht wissen.«

»Habe ich nicht erkannt, was für uns dabei drin ist? Habe dich ins Vertrauen gezogen?«

Stimmt, das hatte er. Bienchen begriff immer noch nicht ganz, warum. Wegen des Geldes wohl nicht? Er arbeitete im Ministerium, er musste ordentlich verdienen. Sie wusste, er hatte auf Schleichwegen die Skorpione beschafft, aus seiner Zeit im Verteidigungsministerium hatte er Kontakte. Natürlich, er hatte jemanden gebraucht, der alle drei Tage die Skorpione wechselte. Wie hässlich dieser Mann war! Sie von der SPD, er von der CDU. Billige Liköre, Koalition im Suff. Wie hätte ein liebenswertes Kind dabei herauskommen sollen?

»Wann gehst du hin?«, fragte sie.

»Heute Nacht. Ich möchte sehen, wie weit sie sind.«

»Was ist mit deinem Minister? Wird er nicht misstrauisch, wenn du von einem Tag auf den anderen …«

»Überlass das mir. Der Minister ist Teil des Plans.«

»Verstehe ich nicht.«

»Geld, Ingeborg. Mehr, als wir uns vorstellen können.« Er schaute ihr tief in die Augen. »Alles läuft für uns sehr gut.«

38

Sam stand auf der Terrasse. Sie führte um das Penthouse herum wie ein Deck um die Aufbauten eines Schiffs. Er stand am Geländer, blickte über Bäume und Villen Richtung Wannsee.

»Noch ein Glas Gin?«, hörte er Hornbuschs Stimme von der Terrassentür.

»Lieber nicht.«

Sie kam zu ihm. Sie hatte sich eine Daunenweste angezogen und eine Wolldecke mitgebracht, die sie ihm um die Schultern legte.

»Warum tun Sie das?«, fragte Hornbusch. »Sie sind ein intelligenter junger Mann. Sie können eine große Zukunft haben. Stattdessen werfen Sie Ihre Kraft in diese sinnlose Sache.«

»Sie ist nicht sinnlos.«

»Welchen Sinn hat ein Flughafen, von dem keine Flugzeuge starten?«

»Flughäfen mit Flugzeugen gibt es wie Sand am Meer. Der BER will keine Flugzeuge. Manchmal habe ich das Gefühl, er hat eine Botschaft.«

»Welche Botschaft soll das sein?«

»Dass etwas passieren muss. Wir können so nicht weitermachen.«

Auf der Terrasse stand ein kleiner Pavillon. In seiner Mitte stand das einzige Objekt des Hauses, das nicht weiß war: eine Art Skulptur aus verschlungenen, ineinander wuchernden Pflanzen.

»Was ist das?«, fragte Sam.

»Erzähle ich Ihnen ein anderes Mal.«

»Warum nicht jetzt?«

»Ich schätze Ihre Gesellschaft. Ich muss Ihnen einen Grund geben, mich noch einmal zu besuchen.«

»Was stand in dem Brief?«

»Fangen Sie schon wieder an.« Hornbusch hüllte sich fester in ihre Weste. »Ich habe ihn nie gelesen.«

»Verstehe ich nicht.«

»Ich saß im Wagen, auf dem Rückweg von einer dieser Krisenkonferenzen, die sich von morgens bis abends jagten. Es war nach elf Uhr. Mein Mitarbeiter rief mich an. Es gäbe möglicherweise einen weiteren Mangel, der es nicht ins Protokoll geschafft habe. Ich hielt das für einen Witz. Wir waren bei über einhunderttausend Mängeln, für den nächsten Morgen war die Pressekonferenz angesetzt. Eine junge Bauingenieurin behauptete, sie habe am letzten Tag starke Hinweise auf einen verborgenen, aber bedeutenden Mangel entdeckt. Ich habe ihm gesagt, er soll mir den Brief vorlesen. Er war lang, voller Spekulationen, die Frau konnte sich an ihre Entdeckung nur vage erinnern. Aber ich hielt ihn für ein weiteres Argument für das, was ich sowieso durchsetzen wollte.«

»Den Baustopp.«

»Richtig. Gegen Mitternacht rief ich Pankelow an. Er war auf einer Premierenfeier, in dem Lärm kaum zu verstehen. Ich erwähnte den Brief und sagte, ich wolle auf der Pressekonferenz den Baustopp verkünden. So machen wir das, hat er gesagt, danke für die wundervolle Arbeit, nun müsse er leider zurück zu seinen Künstlern. Nächster Morgen, Pressekonferenz im Roten Rathaus. Ich hatte kaum geschlafen und war erkältet. Pankelow wirkte frisch und ausgeruht, wie er das immer hinkriegte, ich begreifs bis heute nicht. Einhundertsechstausendeinhundertzweiunddreißig Mängel, die Zahl war bereits durchgesickert. Fassungslose Gesichter, niemand hatte das erwartet. Pankelow, als Bürgermeister und Vorsitzender des Aufsichtsrates, beginnt zu reden. Er lobt meinen Einsatz, spricht von Fehlern und Versäumnissen, pickt hier und da eine Zahl heraus. Er gibt sich den Anstrich von Sachkenntnis, macht ein paar lockere Sprüche über den Technologiestandort Berlin. Und was das weitere Vorgehen angeht: Die Arbeiten gehen weiter. Gerüchte über einen Neubau in Sperenberg bezeichnet er als heillosen Quatsch, am Ende verkündet er einen Eröffnungstermin in vierzehn Monaten. Für alle weiteren Fragen rund um die Eröffnung steht Gisela Hornbusch zur Verfügung. Allein lässt er mich auf dem Podium. Ich bin wie gelähmt. Vierzehn Monate! Ich weiß nicht mehr, was ich auf die Fragen der Journalisten geantwortet habe. Außer dass es Beschönigungen und Lügen waren.«

»Haben Sie ihn zur Rede gestellt?«

»Am selben Tag. Ich habe gesagt, dass er mich in eine unmögliche Position gebracht hat, ich könne nur scheitern. Er hat geantwortet, er habe mich nicht als Frau auf den Posten geholt, damit ich quengele wie ein Mann. Ich habe gefragt, was mit dem Brief der Ingenieurin sei. Er meinte, der sei vernichtet.«

Über ihnen blinkten die Lichter einer Maschine im Anflug auf Tegel. Im Südosten, Richtung Schönefeld, war der Himmel dunkel.

»Wenn wir gegen den Strom schwimmen«, sagte Hornbusch, »wenn der Strom zu stark ist – dann vermeiden wir den Blick ans Ufer und reden uns ein, wie gut wir durch die Wellen kommen. Ich bildete mir ein, dass es auf der Baustelle voranging. Aber für jeden Mangel, den ich beseitigte, entstanden drei neue.«

»Was war mit der Ingenieurin?«

»Ich habe versucht, sie zu vergessen.« Hornbusch starrte in die Dunkelheit.

»Aber?«

»Einige Monate später … Ich wohnte in einer Villa in Dahlem. Ich saß, nach einem langen Tag, im Garten mit einem Glas Whisky. Plötzlich steht diese Frau zwischen den Fichten. Bleich, ausgezehrt. Ich müsse ihr zuhören, ich sei ihre letzte Hoffnung. Ich weiß, wer sie ist. Ich habe ihr Bild in den Zeitungen gesehen, ›die irre Ingenieurin‹ wird sie genannt. Alles, was sie wolle – noch einmal in den Schacht klettern. Noch einmal sehen, was sie gesehen habe und nicht mehr beschreiben könne. Ich sage, das sei nicht möglich. Wegen des veränderten Brandschutzes sei ihr Schacht inzwischen zugemauert. Sie verlangt, den Schacht zu öffnen, sonst drohe ein Unglück. Ich sage, sie soll von meinem Grundstück verschwinden, sonst alarmiere ich die Polizei. Sie kommt auf mich zu, Tränen in den Augen. Keinen Schritt weiter, ich zähle bis drei. Eins … zwei … Sie tut einen Schritt, vielleicht streckt sie nur den Arm aus … Ich werfe ihr das Whiskyglas an den Kopf. Ihre Schläfe blutet. Ich reiße mein Halstuch herunter und halte es ihr hin. Ich bin zu weit gegangen, im Haus, sage ich, ist Verbandszeug … Sie lächelt. Als habe sie etwas begriffen, endgültig. Sie dreht sich um, verschwindet hinter den Fichten. Am nächsten Tag, gegen Mittag, höre ich im Radio, dass sich eine junge, geistig verwirrte Bauingenieurin die Pulsadern aufgeschnitten hat.« Sie trank den letzten Schluck aus ihrem Glas. »An die folgenden Wochen, die neuen Mängel, die Krisenkonferenzen, erinnere ich mich nur verschwommen. Und dann mein Rücktritt, nachts um zwei meine Mail an den Aufsichtsrat. Höfliches Bedauern, ein Blumenstrauß zum Abschied, in der Presse Spekulationen über eine weitere Verschiebung der Eröffnung …«

»Was wurde aus der Ingenieurin?«

»Hat überlebt. Ich habe sie gesehen, einige Monate später. Sie hat neu angefangen, mit einem kleinen Pflanzengeschäft. Ich war gekommen, um mich zu entschuldigen.

Weil ich inzwischen überzeugt war, dass sie tatsächlich etwas entdeckt hatte. Dass alle Mängel, von denen wir wussten, in Wahrheit Symptome waren. Sie hat getan, als erkenne sie mich nicht.« Sie deutete in den Pavillon. »Das dort habe ich bei ihr gekauft. Manchmal setze ich mich davor und versuche, die Verschlingungen zu begreifen. Je mehr die Pflanzen wachsen, desto rätselvoller werden sie.« Sie zeigte ins Wohnzimmer. »Machen wir den Gin leer?«

»Ich habe genug.«

»Sie sind jung. Machen Sie etwas aus Ihrem Leben, bevor es zu spät ist.«

»Das tue ich.«

»Niemand, der dem Flughafen nahe kommt, bleibt unversehrt.«

»Wenn wir ihn nicht verstehen, passiert Schlimmeres.«

»Der Flughafenversteher!« Sie kicherte. »Kommen Sie. Trinken wir aufs Unvermeidliche.«

FÜNFTER TEIL

Am nächsten Tag

»Protest ist, wenn ich sage, das oder das passt mir nicht. Widerstand ist, wenn ich dafür sorge, dass das, was mir nicht passt, nicht länger geschieht.«

ULRIKE MEINHOF,
Mitgründerin der RAF

39

Man weiß über einen Menschen nie alles.

Sie saßen in einem Kindercafé in Friedenau. Jana betrachtete den hochgewachsenen Ahmad mit seinen umschatteten, grünen Augen, der mandelhellen Haut, den gleichmäßigen weißen Zähnen. Er hatte ihr nie gesagt, dass er einen Sohn hatte. Doch nun zog er ihm die Schuhe mit den Klettverschlüssen aus und die Stoppersocken an. Der Kleine war zappelig, wollte zu den anderen Kindern, die in einer Märchenburg an der Stirnwand des Raumes herumkletterten, sich jagten und in einen mit Plastikbällen gefüllten Pool sprangen.

»Wie alt ist Sascha?«, fragte sie.

»Bald vier.«

»Warum ist er nicht im Kindergarten?«

»Weißt du, wie es in Berlin mit Kindergartenplätzen für Veganer aussieht?«

Schlecht, wahrscheinlich.

»Und die Mutter?«

»Anwältin. Ist heute Morgen bei Gericht.«

»Nach deiner Schicht sitzt du im Kindercafé?«

»Wenn die Tagesmutter krank ist.«

»Verstehe ich nicht …«

»Ich lebe mit Saschas Mutter nicht zusammen. Sie ist achtunddreißig. Sie hat einen Hübschen gesucht, der ihr ein Kind macht, bevor's zu spät ist.«

Ahmad war zweiundzwanzig. Das hieß, er hatte das Kind mit siebzehn gezeugt.

»Schau dich um«, sagte er. »Fällt dir was auf?«

Zehn Uhr morgens, das Café war gut besucht. Die

Mütter – Ahmad war der einzige Vater hier – saßen vor Salaten und Soja-Lattes. Manche unterhielten sich, trösteten ihre weinenden Kinder. Die meisten blätterten und tippten in ihren Telefonen.

»Alle geschieden oder getrennt«, flüsterte Ahmad. »Alle auf der Suche.«

Jetzt sah Jana es auch: Die Frauen wischten nach links, links, links. Kurzes Zögern: rechts. Wieder links, links …

»Das wird ein Kapitel in meinem Buch. Wenn du in Berlin eine Frau aufreißen willst, verschwende deine Nächte nicht in Clubs. Geh morgens um zehn ins Kindercafé!« Er wurde ernst: »Was war gestern los? Du warst die ganze Nacht weg. Manolo hat sich Sorgen gemacht.«

»Kottbusser Brücke gesperrt.«

»Red nicht.«

»Fahr hin und schau nach.«

»Wo warst du?«

Er blickte ihr in die Augen, wie bei einem Verhör. Doch wie konnte sie erklären, was passiert war? Lange hatte sie mit Pankelow hinter dem Hangar gestanden. Gemeinsam hatten sie ins Licht des Terminals geschaut. Sie hatte keine Kälte gespürt, keinen Hunger, keine Zeit. Pankelow hatte zum ersten Mal von seinem Rücktritt gesprochen, seiner Verletzung, seinem Sturz in die Finsternis. »Aber wenn wir in dieser Finsternis ein Licht sehen, egal wie schwach, egal wie entfernt – dann wissen wir, es weist uns den Weg zum Sinn unseres Lebens.« Frühmorgens hatte sie Manolo die Honda zurückgebracht. Wortlos hatte er auf den Haken für die Schlüssel gedeutet. Man enttäuschte Manolo einmal – aber nicht zweimal.

»Ich weiß, dass ich den Job los bin«, sagte sie.

»Darum gehts nicht«, entgegnete Ahmad. »Wenn du ihm gesagt hättest, wo du warst … Warum du nicht ans Telefon gegangen bist …«

»Sag ihm, er soll sich keine Sorgen machen.«

»Du siehst verändert aus. Als ob du in zwei Wochen drei Jahre gealtert wärst.«

»Mir gehts gut.«

»Wovon lebst du?«

»Habe Projekte.«

»Projekte, ach du Scheiße.«

Sascha kam an den Tisch. »Guck mal, Papa, was ich gebaut habe!«

»Ein Flugzeug! Zeig, wie toll das fliegen kann! Von ganz oben!«

Sascha zog mit seinem Pappflugzeug los, Richtung Burgturm.

»Ich habe schlecht geschlafen«, sagte Jana, »das ist alles.« Immer wieder war sie hochgeschreckt, aus Träumen, an die sie sich beim Aufwachen kaum erinnerte. Ab morgens um acht *Dideldidel dim dim dim* aus dem Nebenzimmer. »Ich kann es dir nicht sagen, Ahmad. Tut mir leid.«

»Guck mal, Papa!« Sascha sprang, sein Flugzeug hoch über dem Kopf, in den Pool.

»Du bist komisch heute Morgen«, sagte Ahmad.

»Wollen wir zahlen?«

»Ich muss mit dem Kleinen bis zwölf hierbleiben.«

Jana winkte die Kellnerin heran. Suchte in ihren Hosentaschen, sie hatte ihr Portemonnaie zu Hause vergessen. Ein Fünfhunderter fiel heraus, noch einer. Irgendwo musste sie noch Münzen … Ahmads Augen weiteten sich. Sie kramte weitere Fünfhunderter heraus, verdreckt, zerknickt, häufte sie auf den Tisch. Von den anderen Tischen schauten die Frauen herüber.

»Sorry, kein Kleingeld.« Jana schob der Kellnerin einen Fünfhunderter hin. »Stimmt so.«

40

Von: Gisela T. Hornbusch G_T_Hornbusch@t-online.de
An: Sam Yun samyun258@outlook.com
Betreff: Pankelow

Guten Morgen, Sam,

Sie waren gestern so nett, mir Ihre Mail-Adresse zu hinterlassen. Ich mache davon Gebrauch, um Sie zu warnen.
Ein Gerücht ist seit Jahren über Pankelow im Umlauf. Selbst wenn es nicht stimmt: Es illustriert seinen Charakter. Als er auf dem Parteitag seine berühmte Rede gehalten hat: »Ich bin ein Findelkind, und das ist auch gut so!« – da waren die Zeitungen voll rührender Geschichten: Der kleine Pankelow im Landwehrkanal, seine Mutter fischt ihn heraus, umsorgt und wickelt ihn. In einer Stadt, in der jede zweite Ehe zerbricht, in der Frauen keine Kinder haben oder mit ihnen zerstritten sind, war das genau die Geschichte, die die Berliner hören wollten. Moses im Weidenkörbchen! Damit hatte er auch die Wahl zum Bürgermeister so gut wie gewonnen. Das Gerücht behauptet allerdings: Er ist kein Findelkind. Seine Mutter lebte, wie viele in den Fünfzigerjahren, vom Schmuggel. Sie schmuggelte keine Lebensmittel und Zigaretten, sondern gestohlene Luxusautos über die Demarkationslinie in den Westen. Eines Tages sieht sie ein weinrotes Coupé vor einer Funktionärsvilla in Heinersdorf. Die Fahrertür ist nicht verschlossen, die Zündung leicht kurzzuschließen. Sie steigt ein und fährt los. Kaum im Westen, hört sie von der Rückbank das Wimmern eines Babys. Was soll sie tun? Das Coupé zurückbringen? Gefängnis in der DDR riskieren? Sie behält den

Wagen und das Kind. Kurze Zeit später wird die Mauer gebaut, ihre Papiere, erzählt sie den Behörden, sind auf der anderen Seite. Den kleinen Peter legalisiert sie als ihren Sohn. Das Coupé versteckt sie bis zu ihrem Tod.
Wahr oder unwahr? Sicher ist nur: Pankelow wächst mit einer Geschichte über seine Herkunft auf, die nicht stimmt. Einer Geschichte, die ihm als Kind gefällt, die später den Genossen, der ganzen Stadt zu Herzen geht.
Pankelow hat mich verraten. Er hat andere verraten. Er ist intelligent, aber ein Mann ohne Überzeugungen. Ein paar Dinge hat er für Berlin erreicht, aber das wiegt sein Versagen nicht auf. Pankelow ist vielleicht das Schlimmste, was man über die Stadt sagen kann: Er war der Bürgermeister, den sie verdient. Sie, Sam, verdienen Besseres.

Herzlich
Gisela Hornbusch

41

Zoë lief allein über das Tempelhofer Feld. Sie würde ihren Laden heute später öffnen, zur Not gar nicht. Sie brauchte einen klaren Kopf.

Gestern Abend hatte sie an der Stahltür geklingelt, im letzten der Hinterhöfe. Sie war die Treppen hochgestiegen, hatte den Schweiß gerochen, das Stöhnen gehört, die anfeuernden Rufe. Am Kopfende der Treppe hatte Gesine gestanden, halb Nixe, halb Königin, in einem schimmernd schwarzen, eng anliegenden Trainingsoutfit, das neongrüne Schweißband wie ein Diadem über der hohen Stirn.

Sie hatten sich umarmt, geküsst und waren weiter hochgestiegen, zu einer Art Kommandoraum hinter einer weiteren Stahltür. Gesine hatte gesagt: »Ich wusste, dass du kommst.«

Wieso hatte Gesine das gewusst? Zoë lief schneller, die Erinnerung machte sie wütend. War sie so kalkulierbar? Das hatte geklungen, als seien sie und Gesine Verbündete. Aber nichts von dem, was Gesine tat, konnte sie gutheißen. Schon gar nicht ihren großen Plan.

Sie lief auf das Halbrund des Flughafengebäudes zu. Zentralflughafen Berlin-Tempelhof. Bei seiner Eröffnung modernster Flughafen der Welt. Viele seiner Innovationen – Trennung der Ebenen, Integration von Hotels und Verwaltungstrakten, U-Bahn-Anschluss – waren damals revolutionär. Bis heute war er Vorbild für Flughäfen auf der ganzen Welt. Erbaut worden war er von 1936 bis 1941 – zugegeben, unter den Nazis. Über diesen Punkt hatte sie mit Gesine schon früher Streit gehabt. Gebaut hatten ihn nämlich nicht Nazis, sondern Zwangsarbeiter. Unter den Bedingungen einer brutalen Diktatur. Die Leichtigkeit, mit der Gesine dieses Argument weggewischt hatte, hatte sie erschüttert. Klar, hatte Gesine gesagt, Diktatur und Zwangsarbeit seien nicht gut. Aber einen revolutionären Flughafen wie Tempelhof habe die Bundesrepublik in siebzig Jahren Demokratie, Mitbestimmung, Arbeitsschutz nicht wieder hingekriegt. Nicht mal einen, der sich mit den neuen Flughäfen in Peking und Istanbul messen könne. Gesine hatte beteuert, dass sie gegen Moral und Menschlichkeit nichts habe. Dass sie nicht vorhabe, die Demokratie abzuschaffen; sie wolle ihr bloß eine Pause gönnen. Die Demokratie hatte den BER hervorgebracht, wie ein Tumor wucherte er vor der Stadt. Ein gesunder Körper konnte sich nicht allein von einem Tumor befreien; er brauchte einen Arzt, der ihn herausschnitt.

»Ihr seid die Ärzte?«, hatte Zoë gefragt.

»Manchmal braucht es mutige Menschen, die vorangehen. Die nicht nach der Erlaubnis der Mehrheit fragen, bevor sie das Richtige tun.«

Zoë lief auf die Fassade zu. Was ihr geradezu unheimlich war – das waren die »mutigen Menschen«, mit denen Gesine sich umgab. Der blasse, verkrümmte Junge zum Beispiel, der im Kommandoraum vor den Monitoren saß, vor seinen monströsen Kalkulationen. »Wo hast du ihn her?«, hatte Zoë geflüstert. »Aus dem Darknet, INCEL-Forum. *Involuntary Celibates*, Männer, die keinen Sex haben. Weil sie von allen Frauen aussortiert werden.« – »Du chattest mit Hetero-Männern, die keinen Sex haben?« – »Du glaubst nicht, was da abgeht. Randvoll mit Geilheit, Einsamkeit, Hass. Da wächst revolutionäres Potenzial heran.« Gesines Augen hatten vor Begeisterung geblitzt. Allerdings, hatte sie hinzugefügt, seien sie noch nicht bereit zum Zuschlagen. Ihnen fehlten wichtige Informationen, über Kabelverbindungen, Hohlräume, Traglasten …

Im Armgurt vibrierte ihr Telefon.

»Wo bist du?«, hörte sie Gesines Stimme.

»Laufen.«

»Ohne mich? Hast du das Mädchen erreicht?«

»Du hast sie gehört, sie will nicht.«

»Wir brauchen das Protokoll.«

»Du brauchst das Protokoll! Nicht ich!« Zoë hielt an. Sie müsste den Anruf beenden, sofort, das Telefon ausschalten, die Nummer blockieren … »Ich habe ein neues Leben, Gesine. Ich will nicht, dass das alte wieder losgeht.«

»Und warum bist du gestern gekommen?«

»Weil … weil ich …«

»Entscheidend ist nicht, was wir wollen, Zoë. Sondern was wir tun.«

42

Der SUV hielt im Gewerbehof am Westhafen.

»Hier?«, fragte Ahmad. »Soll ich auf dich warten?«

»Kann dauern«, sagte Jana.

»Was war das mit dem Geld?«

»Ich sag doch, ich hab Projekte.«

»Weißt du, was das für einen Eindruck macht? Ein Tisch voller Fünfhunderter im Kindercafé?«

»Geld ist nicht wichtig.«

»Saschas Mutter ist Anwältin!«

Saschas Mutter. So viel Elend in zwei Wörtern. Sie legte einen Fünfhunderter aufs Armaturenbrett.

»Will ich nicht«, sagte Ahmad.

Jana drehte sich nach hinten. »Soll Papa dir ein Modellflugzeug kaufen? Ein richtig tolles, das fliegt?«

»Jaaa!«, schrie Sascha vom Kindersitz.

Sie öffnete die Tür und stieg aus. »Weißt du, was diese SUV-Dreckskarre für einen Eindruck macht?«

»Saschas Mutter, Sicherheit fürs Kind …«

Sie schlug die Tür zu und ging Richtung Garage. Der SUV wendete. Sie hatte ein schlechtes Gewissen, Ahmad war ein guter Mensch, wie Manolo. Beiden musste sie bald alles sagen. Sie würden verstehen und verzeihen, ganz sicher. Vielleicht bekam sie ein Kapitel in Ahmads Buch.

Sie klopfte ans Garagentor. Keine Reaktion. Sie klopfte erneut.

Sie hob den Pflasterstein an, darunter lag der Schlüssel. Sie schloss das Tor auf, hob es an, ließ es schnell hinter sich zufallen.

Sie schaltete Licht ein. Wenig hatte sich verändert. Die Wasserflaschen türmten sich bis zur Decke, in den Regalen die Stapel von Zeitungsausschnitten und Manuskripten. Der Kocher neben dem Schlafsack war umgekippt, es roch nach Petroleum und ungewaschener Kleidung. Sie durfte sich hier nicht lange aufhalten. Aber sie musste verstehen. Nachts hatte sie vom Terminal geträumt. Im Traum hatte sie mit Pankelow ins Licht gestarrt. Und ihr war gewesen, als sende das Terminal eine Nachricht aus, mehr als eine Nachricht – eine Warnung.

Sie holte das Mängelprotokoll aus dem Büroschrank und trug es zum Campingtisch. Sie schob einen Teller mit kalten Spaghetti zur Seite und schlug es auf. Diese Seiten bedeuteten etwas, sie fühlte es mit dem ersten Blättern. Zunächst verstand sie nichts: Symbole, Formeln, Tabellen. Dann hier ein Wort: »Subkutanmangel«. Die Zeichnung eines Abluftschlauchs, der im Nichts endete. »Induktions- und Metastasemangel.« Was sollte das sein? Blickschutzwand auf der Panoramaplattform, dieser Mangel erschloss sich sofort. Dann wieder rätselhafte Fehlfunktionen. Überall fanden sich handschriftliche Anmerkungen Reicherts, er hatte die Mängel zu Kleinfamilien, Großfamilien, Clans zusammengefasst (zerbrochene Fliesen, Lichtschalter ohne Licht). Andere standen für sich, unverstanden, mit ihrer eigenen Würde (die Spender für Hygienebeutel in der Herrentoilette). Immer wieder fanden sich dunkle Stellen, markiert mit einem Fragezeichen. Was bedeutete »Spannungsinstabilität«? »Betankungsdefizit«?

Wind wehte um die Garage, die Lampe schwang an ihrem Kabel. Jana blätterte und las, Seite um Seite …

43

Von: Sam Yun samyun258@outlook.com
An: Gisela Hornbusch G_Hornbusch@t-online.de
Betreff: AW: Pankelow

Liebe Frau Hornbusch,

Danke für Ihre Mail. Ich weiß nicht, was ich von dieser Geschichte halten soll. Aber die Arbeit muss weitergehen.

Sam saß allein im Wintergarten, seinen Kollegen hatte er freigegeben. Er schaute durchs Fenster auf verwilderte Büsche und Hecken. Wind wehte Laub über den Rasen, der im Sommer zuletzt gemäht worden war.

Sie fragen, warum ich das alles tue. Meine Eltern sind Einwanderer aus Korea. Sie sind konvertierte Christen und haben mich streng erzogen. Als Kind durfte ich kaum fernsehen und nicht ohne Aufsicht am Computer sitzen. Eines Abends war ich allein zu Hause. Nicht wie sonst im Restaurant meiner Eltern, wo ich Hausaufgaben machte. Ich habe den Fernseher eingeschaltet, durch die Kanäle gezappt und bin an einer Dokumentation hängen geblieben. Ein Forscher – heute weiß ich, er heißt Nick Bolsom – stellte die Frage, was passiert, wenn Wissenschaftler eine Maschine konstruieren, die intelligenter ist als jeder Mensch. Sie muss nicht komplexer sein. Zum Beispiel könnten die Wissenschaftler eine Maschine konstruieren, deren einziges Ziel es ist, so viele Büroklammern herzustellen wie möglich. Sie optimiert sich, lernt, verfeinert laufend ihre Strategie. Diese Maschine bringt alle Produktionskapazitäten und Rohstoffe unter ihre Kontrolle. Menschen, die versuchen, sie zu stoppen, werden ausgeschaltet. Sie zerstört Bahnlinien, Schulen und Krankenhäuser auf der Suche nach Rohstoffen, baut immer neue Kraftwerke für die Produktion von Büroklammern. Sie breitet sich auf andere Planeten aus, Sterne, Galaxien. Als sie keine Rohstoffe mehr findet, beginnt die Maschine, die existierenden Büroklammern zu fressen, sich selbst zu fressen … Das Ende ist ein leeres Universum mit einer einzigen Büroklammer.

Vorhin war er Pankelow vor der Teeküche begegnet. Er hatte fürchterlich ausgesehen: das rechte Auge zugeschwollen, um den Kopf ein schief gewickelter, an der Schläfe blutverkrusteter Verband. Kinn und Ballen der linken Hand aufgeschürft, die Unterarme zerschrammt. »Die Spandauer«, hatte er gemurmelt. »Konnte mich nicht wehren, ohne auf ihr Niveau zu sinken.« Auf der Treppe hatte er sich umgedreht: »Weißt du, wer mich gerettet hat? Jana. Ich will, dass sie ihren Job wiederkriegt.«

Ich hatte Albträume. Nachts bin ich schreiend aufgewacht. Mein Vater hat mich getröstet, eine solche Maschine gebe es nicht und werde es nie geben. Aber wie konnte er sicher sein? Angenommen, es gibt diese Maschine schon: Wird sie nicht ihre Existenz geheim halten, bis es für die Menschen zu spät ist? Ist es nicht fast ein Beweis ihrer Existenz, dass die Menschen an ihre Existenz nicht glauben? Ich machte Abitur, bekam ein Stipendium, zog fürs Studium nach Berlin. Und da habe ich gesehen: Es gibt die Maschine. Sie ist am Werk. Ich habe sie gesehen, in den Augen meiner Kommilitonen.

Die getigerte Katze der Nachbarn schlich durchs hohe Gras. Alt war sie, das Fell struppig, ein Ohr eingerissen – eine Kämpferkatze.

Die Ägypter haben nicht aufgehört, Pyramiden zu bauen, weil sie von den Römern erobert wurden. Sie wurden von den Römern erobert, weil sie aufhörten, Pyramiden zu bauen. Beaker, Wessex und andere Völker, deren Namen keiner mehr kennt, haben eineinhalbtausend Jahre an Stonehenge gebaut (was Sie heute von Stonehenge sehen, sind kaum fünf Prozent der früheren Anlage). Aber dann kamen die Beaker und Wessex auf die Idee, die Steine für ihre Wohnhäuser zu verwenden. Das wäre doch praktisch, rational, effizient. Von ihren Kulturen ist nichts mehr übrig. Die Menschen opfern das Heilige. Sie opfern es einer Maschine der Effizienz, die sie nicht begreifen und nicht unter Kontrolle haben. Solange die Menschen ihre Tempel, Heiligtümer, Opferstätten schützten und erweiterten, hatten sie gegen die Maschine, die am Werk ist, seit es Menschen gibt, eine Chance (sie heißt Satan). Welches Heiligtum haben die Menschen heute?

Warum ich diese Sache verfolge, die mich alles kosten kann, aber keinen Nutzen bringt? Schon die Frage ist falsch. Weil es um Kosten und Nutzen nicht geht. Mit dem Flughafen ist etwas Neues in die Welt gekommen. Ein Flughafen, von dem keine Flugzeuge fliegen. Weil er keine Flugzeuge braucht. Weil seine Würde an keine Bewegung gebunden ist, keine Produktion. Warum ist dieser Gedanke vielen Menschen unerträglich? Warum haben wir die Bedingung unserer Existenz vergessen?

Die Katze hatte etwas entdeckt, im masturbierenden Gartenzwerg. Sie schlich sich heran, geduckt, mit zuckendem Schwanz. Streckte ihre Tatze in ein Loch, verklemmte sich, warf den Zwerg um.

$$f(n) = \max_{x \epsilon \Omega(n)} \left\{ \rho(x) \vee \rho(x) = \sum_{y \epsilon \Gamma_x} \frac{\rho(y) w(y)}{c(y)} \right\}$$

$\Omega(n)$ sind die im Bauabschnitt n zu absolvierenden Schritte, Γx bezeichnet für einen Teil x alle Teile, die von seiner Fehlerhaftigkeit beeinflusst werden. $p(x)$ ist der Rank von Teil x. Den Rest muss ich Ihnen als Ingenieurin nicht erklären … Drückt sich in diesem Algorithmus eine höhere Wahrheit aus? Sind alle Mängel Symptome eines einzigen Ur-Mangels? Einer Seele, eines Willens? Wenn ich es wüsste, bräuchte ich nicht zu suchen. Was ich weiß: Der BER ist einzigartig. Menschen wie Odebrecht können ihn zerstören, indem sie ihn eröffnen. Am Ende zerstören sie nur sich selbst.

Sam

Die Katze war außer Rand und Band. Kratzte, fauchte, biss dem Zwerg in die Zipfelmütze, schlug mit den Tatzen auf ihn ein … Sie zog etwas heraus, etwas Kleines, Eckiges. Sam trat ans Fenster. Was sie zwischen ihren Krallen hielt, hätte man für einen erfrorenen Käfer halten können. Aber es war weiß, aus Kunststoff, zu groß für einen Käfer – und nichts, was in einen Gartenzwerg gehörte.

44

Jana las von der Sache mit den Bäumen. Der BER hatte der grünste Flughafen Europas werden sollen. Der Landschaftsarchitekt hatte Bäume gepflanzt, die Sicherheitsexperten hatten sie umgepflanzt, die Baufahrzeuge hatten sie niedergefahren. Am Ende waren achthundert Bäume reif für den Kompost gewesen. Niemand hatte es böse gemeint. Alle hatten, erfüllt von gutem Willen, ihre Arbeit getan. Das

Protokoll dokumentierte den aufrichtigen Ehrgeiz aller Beteiligten, den Flughafen »zeitnah« (Stand 2010) zu eröffnen. Wann hatte die dunkle Energie die Macht übernommen? Hatte sie von Anfang an alles bestimmt? Seite um Seite des Protokolls versuchte, das Unerklärliche in Formeln und Graphen zu fassen. Jana blätterte weiter und stockte: Eine Seite sah anders aus als alle anderen. Kein Text, keine Formeln, stattdessen eine Skizze von Kabelsträngen: Sie waren ineinander verknüpft, verschlungen, wuchsen und wucherten über den Seitenrand. Daneben – rot, in einer Handschrift, die nicht von Reichert war: *Terminal Trouble.* Wer hatte das geschrieben? Wie war das gemeint? Hilfeschrei? Ein zynischer Scherz?

Sie hörte draußen Schritte. Husten, Anheben des Pflastersteins. Sie blickte sich um. Hier gab es keine Möglichkeit, sich zu verstecken. Und keinen Fluchtweg. Sie sprang auf, löschte das Licht. Kauerte sich neben einen Stapel Armeedecken, das Mängelprotokoll vor der Brust.

Das Tor wurde hochgedrückt. Sie sah Reicherts Schuhe, seine verfleckte Hose. Er wankte in die Garage, rülpste, wischte sich Rotz von der Nase. Den Lichtschalter traf er erst im zweiten Anlauf. Schwer atmend klappte er den Laptop auf und wischte mit einem verdreckten Taschentuch auf dem Display herum, bläulich leuchtete es in sein aufgedunsenes Gesicht. Er wischte erneut, es kippte aus den Scharnieren. Er stützte das Display mit einer Bierflasche, die Flasche rollte weg, das Display schlug auf den Tisch. Er hielt es mit einer Hand hoch, tippte mit der anderen, rülpste, hämmerte mit einem Finger in die Tasten.

»Hören Sie auf!« Jana sprang hoch, zitternd. »Sie können so nicht weitermachen … Sie müssen hier raus …«

Er blickte auf, verwirrt, schien sie nicht zu erkennen.

»Was machen Sie in meiner Garage?«

»Sie brauchen Hilfe! Es bringt Sie um!«

Er sah das Protokoll vor ihrer Brust. Er griff nach der Flasche und wankte auf sie zu. »Ihr kriegt mich nicht …« Er holte mit der Flasche aus. »Keiner kriegt mich!«

Er warf die Flasche, sie zerschellte an der Wand, spritzte Bier auf ihre Jacke und Hose. Er griff nach einer zweiten Flasche, sie schleuderte ihm das Protokoll entgegen. Er taumelte, sackte zu Boden. »Keiner kriegt mich!«

Sie floh aus der Garage. Neben ihr zerbarst eine Flasche auf dem Asphalt.

»Ich brauche euch nicht!«, schrie Helmut. »Ich brauche niemanden!«

Am Tor des Gewerbehofs blieb sie stehen, keuchend, ihr Herz hämmerte gegen die Brust. Ihr Telefon vibrierte. »Ja?«

»Ich bin's, Sam.«

»Ist gerade total schlecht.«

»Willst du deinen Job bei Pankelow zurück? Musstest allerdings was dafür tun.«

Sie lehnte außer Atem am Tor. Reichert stand vor der Garage, schreiend, mit den Fäusten drohend.

Sam hatte keine Zeit für Details. In einer Stunde sollte Jana bei der Villa sein.

45

Dieser Artikel ist eine Katastrophe«, sagte Breyer.

»Ein Ärgernis, weiter nichts«, sagte Schnettke.

Breyer saß am Schreibtisch und starrte auf die Schlagzeile in der *Süddeutschen Zeitung*: *Verkehrsminister auf dem Weg nach unten.* Darunter jenes fatale Foto, das seinen Weg in die Bildredaktion gefunden hatte: Breyer im Fahrstuhl des Waldorf Astoria. Verkniffenes Gesicht, gerade schließt sich die Tür, der Pfeil zeigt abwärts …

»Als ob ich zu meiner Hinrichtung fahre.«

»Reißerisches Foto, ein paar Scheinwahrheiten …«

»Der Mann ist immerhin Hauptstadtkorrespondent.«

Der Artikel war nicht einmal angreifbar. Brücken und Autobahnen marode … Netzausbau hinter dem Plan … Jeder dritte Fernzug verspätet … Das Schlimmste aber: Die Interna aus einem Rechtsgutachten, das an der Zulässigkeit seiner Mobilitätsvignette zweifelte.

»Glauben Sie«, fragte Breyer, »das ist eine Intrige von Spreißel?«

»Halte ich für möglich.«

Breyer starrte einem Schwarm Krähen nach, der vor dem eisgrauen Winterhimmel an seinem Fenster vorbeizog. *»Der Hoffnungsträger aus der Provinz hat seine Rolle in der Hauptstadt noch nicht gefunden.«* Eine Unverschämtheit! Breyer fühlte, wie er aufs Abstellgleis geschoben wurde. Keiner seiner Vorgänger hatte es weiter hoch geschafft, alle waren ausgemustert und vergessen. Er musste raus aus dem Verkehrsministerium, bevor es zu spät war.

»Wenn ich das sagen darf, Herr Minister: Sie wirken heute ein bisschen erschöpft.«

»Am Wochenende schaffe ich es wieder nicht zu meiner Familie. Sagen Sie, Schnettke: Was mache ich falsch?«

Schnettke kam auf ihn zu, mit den großen Händen rudernd wie ein Lurch. Seine karamellfarbenen Flechtschuhe quietschten bei jedem Schritt. Was er für einen Anzug trug! Warum tat er sich das an? Warum scheitelte er sein dünnes Haar auf eine Art über die Stirn, die die Pigmentflecken auf der Kopfhaut besonders zur Geltung brachte? Wenn das Licht seitlich auf seinen verkrümmten Körper fiel, bekam seine Hässlichkeit einen fast obszönen Glanz.

»Sehen wir der Sachlage ins Gesicht«, sagte Schnettke.

»Die Mobilitätsvignette ist ein Risiko. Wenn sie scheitert …«

»Sie hat schon ein Vermögen gekostet.«

»Das Gutachten – «

»Die Vignette darf nicht scheitern.«

»Dann der Flughafen, eine nationale Peinlichkeit.«

»Eine Altlast.«

»Aber Sie sind der zuständige Minister. Sogar in einer nordkoreanischen Zeitung ist eine Karikatur erschienen.«

»Wer sagt das?«

»Es gibt Bilder im Staatsfernsehen. Sie zeigen Nordkoreaner, die sich synchron vor Lachen kringeln.«

Breyer lehnte sich zurück, seine Augen brannten. Er war heute wirklich nicht auf der Höhe.

»Ich sehe zwei Möglichkeiten, Herr Minister: Entweder die Eröffnung verschiebt sich erneut. Dann stehen Sie als Buhmann im Rampenlicht. Oder der Flughafen eröffnet. Aber wen wird die Presse in den Himmel loben? Wem setzt sie den Lorbeerkranz auf?«

»Odebrecht.«

»Sie bleiben auf den Folgen sitzen. Verkehrsstaus, Lärmbelastung, explodierende Kosten … Die Eröffnung überleben Sie höchstens ein halbes Jahr.«

Breyer faltete die Hände auf seinem Bauch. Wabbelnde, formlose Masse, er musste dringend wieder Sport treiben. »Was wollen Sie sagen? Ich bin in jedem Fall ruiniert?«

»Ich fürchte, es ist so.« Schnettke reckte bedauernd die Arme, wie ein sklerotischer Hampelmann.

Heute Morgen hatte die Kanzlerin dem Innenminister das Vertrauen ausgesprochen – beiläufig, kraftlos, am Rande einer Fraktionssitzung. Es bedeutete, der Mann war erledigt. Zwei, drei Wochen hatte er Zeit für einen ehrenvollen Abgang – danach unehrenhafter Rauswurf. Wann war Breyer an der Reihe?

»Es gibt unter Umständen«, sagte Schnettke, »eine dritte Möglichkeit. Ist Ihnen bewusst, dass die Berliner den neuen Flughafen gar nicht wollen? Alle Umfragen sagen das. Die Berliner lieben Tegel.«

»Tegel pfeift aus dem letzten Loch.«

»Den neuen Flughafen, glauben die Berliner, hat man ihnen aufgezwungen. Wie man ihnen in ihrer Geschichte alles aufgezwungen hat, den Kaiser, den Krieg, die Inflation, den Österreicher, noch einen Krieg, den Bau der Mauer, den Fall der Mauer, Baustellen, Drogen, Geschlechtsverkehr im U-Bahn-Schacht.«

Breyer war in Berlin noch nie U-Bahn gefahren. Vielleicht sollte er das mal tun, dachte er.

»Was ich sagen will, Herr Minister: Der Flughafen ist auf Sand gebaut. Märkischem Heidesand.«

Er hätte dort, fuhr Schnettke fort, nie gebaut werden dürfen. Der Boden könne das Terminal, nach zahllosen Erweiterungen viel größer und schwerer als geplant, kaum noch halten. Es gebe ein Problem mit steigendem Grundwasser. Dazu die tonnenschweren Entrauchungsschornsteine auf dem Dach … Korrodierte Stahlträger … Sprinklerköpfe, die nicht sprinkelten, Brandmelder, die keinen Brand meldeten, selbst wenn alles in Flammen stand …

»Was wollen Sie andeuten, Schnettke?«

»Ich will andeuten, dass dem Flughafen jederzeit etwas zustoßen kann. Etwas Entsetzliches. Militante Splittergruppen bilden sich in Berlin fortwährend neu. Angenommen, nur einmal angenommen, eine solche Gruppe gelangt an Informationen über neuralgische Schwachstellen …«

»Innere Sicherheit, nicht mein Ressort.«

»Genau so ist es, Herr Minister.« Schnettke legte den Kopf schief und blickte Breyer an wie ein treuer Hund.

»Was wollen Sie sagen? Darauf dürfen wir nicht hoffen, oder?«

»Keinesfalls. Aber sollte der Fall eintreten – es wäre Ihr Churchill-Moment. Sie müssten vor die Trümmer treten, eine Rede halten, die die Nation nicht vergisst. Und das« – er flüsterte fast – »wäre für Sie sehr, sehr gut.«

46

Jana ließ Bienchen, die weiter vorn in der Straßenbahn saß und an ihrer Handtasche nestelte, nicht aus den Augen. Ein Mann las im *Tagesspiegel: »BER-Eröffnung – bald neuer Termin?«* Darunter ein Foto von Odebrecht, herrische Geste unter herabhängenden Schläuchen, wie ein Feldherr im Regenwald.

Sams Anweisungen waren knapp gewesen: Jana sollte sich versteckt halten und warten, bis Bienchen aus der Villa kam. Sollte ihr folgen und sie beschatten. Sollte, wann immer möglich, Fotos machen. Er hatte verlangt, dass sie eine verspiegelte Brille und eine Mütze kauft, für bessere Tarnung. Allerdings war nur ein Army-Shop am Leopoldplatz bereit gewesen, einen Fünfhunderter von einer Neunzehnjährigen zu akzeptieren, deren Kleidung nach Bier stank. Und auch das nur, weil sie noch ein paar Sachen mehr kaufte: Jacke, Thermo-Schal, Stiefel, dazu einen Rucksack für ihre alte Kleidung. In ihrem Militärdress fühlte sie sich wie im Krieg. Über Ziel und Dauer des Einsatzes hatte Sam nichts gesagt.

Am Alexanderplatz stieg Bienchen aus. Blickte sich ängstlich um. Hastete vorbei an Würstchenbuden und einem Kinderkarussell. Der Eingang zum U-Bahn-Schacht war von demonstrierenden Krankenschwestern blockiert.

Sie trugen Arbeitskittel über Jacken und Mänteln, hielten Transparente hoch und schrien: »Würde statt Bürde!« Jana sah Bienchen im aufgewühlten, weißen Meer verschwinden, verlor sie aus dem Blick, kämpfte sich durch die Menge. Da vorn Bienchen, gerade stieg sie die Treppe hinunter. Buhrufe und Pfiffe, eine Männerstimme aus den Lautsprechern: »Verehrte Krankenpflegerinnen und Krankenpfleger …« Jana erreichte den Schacht, stürzte die Treppe hinunter. Bienchen stand neben einem Asia-Imbiss. Sie sprach in ein Tastenhandy, drängend, flehend, ihre Augen waren geweitet, der schiefe Mund stand offen. Jana ging hinter einem Fahrkartenautomaten in Deckung.

47

Sam stand am Fenster, auf halber Höhe zwischen Beletage und Pankelows Büro. Er betrachtete die Fotos, die ihm Jana gerade geschickt hatte. Gute Fotos – sie hatten Bienchens Angst eingefangen und ihr schlechtes Gewissen.

Er hatte sie bei den Mülltonnen gestellt, Bienchen hatte alte Kartons auseinandergerissen: »Das hier hat die Katze der Nachbarn aus dem Gartenzwerg gefischt.«

»Was ist das?«, hatte sie gefragt. »Ein Metallinsekt?«

»Ich habe keine Ahnung.«

»Die hat wohl der Vormieter reingesteckt. Der hat ja auch den Gartenzwerg dagelassen, das frivole Ding.«

Bienchens Mundwinkel hatten gezuckt, ansonsten hatte sie sich nichts anmerken lassen. Auch nicht, als Sam ihr von den anderen drei Geräten berichtet hatte, die er im Wintergarten gefunden hatte. Die konnten nicht vom Vormieter stammen, ihre Antennen waren sorgfältig justiert gewesen: eine für jeden Computer. »Antennen sind das? Na so was«, hatte Bienchen gesagt und die Kartons in die Altpapiertonne gestopft. »Bestimmt die Afrikanerinnen. Oder die Nachbarn, einige sind Russen.«

»Halten Sie es für denkbar, dass die frühere Fahrerin dahintersteckt? Diese Jana?« Sicher, hatte Bienchen gesagt – das sei möglich. Sogar wahrscheinlich! Dem Mädchen habe sie von Anfang an nicht getraut. Außerdem sei sie entlassen worden, habe also ein Motiv. Sam hatte Bienchen nach Janas Telefonnummer gefragt. Ganz Buchhalterin, hatte sie sie in ihrem Rollkarteikasten gefunden. Zu dieser Zeit hatte Sam die Geräte bereits untersucht: Magnetwellensensoren fürs Van-Eck-Phreaking, das Auslesen von Computerdaten über die elektromagnetische Strahlung der Monitore und Tastaturen. Sam hatte diese Geräte nie so klein gesehen und bezweifelte, dass sie legal zu bekommen waren. Wer spionierte sie aus?

Etwa zwei Monate, nachdem Sam Bienchens Sohn mit dem USB-Stick erwischt hatte, war in ihr Computersystem eingebrochen worden. Ein professioneller Angriff, große Datenmengen waren abgegriffen, zum Teil gelöscht worden – die Spur hatten sie nicht verfolgen können. Der Einbruch hatte ihre Arbeit um Wochen zurückgeworfen. Seitdem änderten sie regelmäßig alle Passwörter und verschlüsselten mit 256 Bit. Sam hatte alle USB-Ports ausgebaut, mit den sensibelsten Daten arbeiteten sie nur offline. Doch die beste IT-Sicherheit reichte nicht, wenn man einen Maulwurf im Haus hatte. Die Sensoren hatten umfangreiche Daten auf Micro-SD-Karte gespeichert – verschlüsselt, Sam konnte sie nicht lesen und ihre Qualität nicht beurteilen. Doch sie waren erst vor wenigen Tagen installiert oder ausgewechselt worden; die Akkus waren noch fast voll.

Der Maulwurf konnte nur Bienchen sein. Sam hatte alle Daten gelöscht und ihr die Sensoren in die Hand gedrückt: Sie solle sich erkundigen, wofür diese Geräte gut waren und wo man sie bekommen konnte – »vermutlich sind sie harmlos«. Dankbar war Bienchen auf seine List hereingefallen. Sie würde die Geräte einem Hintermann bringen, Sam hatte keinen Zweifel. Er konnte nur warten und hoffen, dass Jana ihre Spur nicht verlor.

Er hörte Pankelow hinter der geschlossenen Tür auf und ab gehen, mit dem nächsten Zulieferer verhandeln, der ins Lager Odebrechts wechseln wollte. Sam war hochgekommen, um ihm von seiner Entdeckung und seinem Verdacht zu berichten. Jetzt war er nicht mehr sicher. Pankelow hielt sich viel auf seine Menschenkenntnis zugute, meistens zu Recht. Dass er sich in Bienchen getäuscht hatte, würde er Sam nicht glauben. Er würde Bienchen verteidigen oder, noch schlimmer, sie anrufen, »um die Sache direkt zu klären«.

Er hat mich verraten, er hat andere verraten. Er ist ein Mann ohne Überzeugungen, hatte Gisela Hornbusch geschrieben.

Pankelow war Politiker gewesen, war es im Herzen immer noch. Er wäre nicht bis an die Spitze der Stadt gekommen, hätte er nicht immer wieder flexibel neue Koalitionen geschmiedet, im richtigen Moment die Seiten gewechselt, eine Fraktion gegen die andere ausgespielt. Und hatte die Entfremdung zwischen ihnen nicht schon vor Wochen begonnen? Ein schleichender Prozess, Sam konnte ihn an keinem Tag, keinem Ereignis festmachen. Er konnte es aber auch nicht leugnen: Sie zogen noch an einem Strang, aber nicht mehr in dieselbe Richtung.

Das Telefonat war beendet. Er hörte das Rollen des Sessels, Schritte auf dem Perserteppich, die Tür wurde aufgestoßen. Pankelows Wunden waren weiter geschwollen, der Bluterguss am Kiefer hatte sich brombeerschwarz gefärbt.

»Morgen Abend«, sagte er. »Einberufung der Bosse. Wir kriegen die VIP-Lounge im Flughafen.«

»Wofür?«

»Wir setzen ein Zeichen. Dass der Flughafen uns gehört, Odebrecht hat nichts zu melden. Alles im grünen Bereich, die Eröffnung verzögert sich um mindestens ein Jahrzehnt. Odebrecht will ein Billigflieger-Terminal bauen, hundert Millionen Euro, kleinkariert. Wir treiben die Kosten auf zweihundertfünfzig Millionen hoch.«

»Sie haben gesagt, es geht nicht mehr ums Geld.«

»Richtig, deshalb präsentierst du dein Projekt.«

»Es ist nicht nur mein Projekt. Und wir sind noch nicht so weit.«

»Wir müssen beweisen, dass wir die Lage im Griff haben!« Pankelow verzog schmerzlich sein Gesicht. »Schau, Sam, manchmal muss man den Leuten mehr zeigen, als man hat. Muss es schöner aussehen lassen, als es ist. Emotion, Leidenschaft für die Sache …« Er drehte sein Gesicht zum Fenster, als scheine draußen die Sonne. »Seit es Menschen gibt, versprechen sie sich Dinge. Versprechen sind die Grundlage von Kultur und Zivilisation, sie unterscheiden den Menschen vom Tier. Ohne Versprechen versinkt unsere Welt in Barbarei.«

48

Manchmal scheitern große Pläne an banalen Dingen – einer Fahrkarte, zum Beispiel.

Jana hatte sie für die Straßenbahn kaufen wollen, aber nur noch vierzig Cent im Portemonnaie gehabt. Und am Alexanderplatz war die U8 so schnell eingefahren, Jana hatte einfach keine Zeit gehabt. Kontrollen waren selten – und wenn, erkannte man die Kontrolleure schon beim Einsteigen. Doch Jana hatte Bienchen durch die Glasscheibe zum Nachbarabteil beobachtet und war nicht aufmerksam gewesen. »Die Fahrscheine, bitte«, mit diesen Stimmen, die überall gleich sind, Ausreden zwecklos, alles schon gehört, kommen Se mal mit. Jana hatte den Fünfhunderter herausgeholt. Die Kontrolleurin hatte gesagt, Geschenkpapier nehme sie nicht. An der Station Boddinstraße war Bienchen ausgestiegen. Die Kontrolleurin hatte nicht mit Jana aussteigen wollen, weil ihre Kollegen noch einen Betrunkenen wach rütteln mussten. »Bleiben Se mal hier.« Jana war aus dem Zug gesprungen, Rufe der Kontrolleurin, Unruhe auf dem Bahnsteig, zwei Glatzen hatten sich ihr in den Weg gestellt. Janas Telefon hatte geklingelt, eine der Glatzen hatte danach gegriffen. Jana hatte sich gewehrt, die Situation war eskaliert … Sie hatte sich zwischen den Passanten die Rolltreppe hochgedrängelt und Bienchen auf der Straße eingeholt. Allerdings war der Kragen ihrer neuen Jacke eingerissen. Und sie hatte kein Telefon mehr.

Kurz nach acht Uhr. Sie stand in einem dunklen Innenhof, dem letzten einer Reihe von Höfen. Ihr war kalt. Sie hatte Hunger. Vor einer halben Stunde war Bienchen hinter der Stahltür am Ende des Hofes verschwunden. Eine Lampe über der Tür leuchtete schwach. Einige Fahrräder waren ans Geländer einer Kellertreppe geschlossen. Die Luft roch nach Regen, Mauerwerk, schimmeligem Laub.

Bienchen hatte in einem speziellen Rhythmus an die Stahltür geklopft. Die Tür hatte sich einen Spalt geöffnet, Bienchen hatte etwas geflüstert und war in die Dunkelheit gehuscht. Seitdem waren weitere Leute gekommen, alle viel jünger als Bienchen, mit Sporttaschen oder Rucksäcken. Jana hatte versucht, sie anzusprechen. Alle hatten sie ignoriert oder gesagt, sie solle verschwinden. Sie hatten das Klopfzeichen gegeben, immer hatte sich die Tür einen Spalt geöffnet und schnell hinter ihnen geschlossen. Die Fenster in den Stockwerken über der Tür waren abgeklebt, Licht schien nur hier und da durch einen Kratzer. Vielleicht ein Drogenklub. Oder eine Sexparty. Aber mit Bienchen?

Jana ging zur Tür. Keine Klingel, kein Schild. Sie klopfte den Rhythmus nach, so gut sie konnte. Die Tür blieb verschlossen. Sie klopfte erneut – keine Reaktion. Wütend schlug sie die Faust gegen den Stahl – dumpfes Hallen, sonst nichts. Sie hatte Lust zu gehen. Aber da war Sams Auftrag, die Aussicht auf den Job. Sie durfte nicht aufgeben.

Wieder öffnete sich die Tür. Ein Mann kam heraus, um die dreißig, blass und schmal, mit Nerdbrille, Sporttasche über der Schulter und einem Basecap auf dem Kopf. An der Mauer schloss er sein Fahrrad auf. Noch mal ansprechen, irgendwann musste es klappen. Jana tippte ihm auf die Schulter: »Ich hab mal 'ne Frage …«

Jana atmete durch. Alles hatte nur Sekunden gedauert. Schon die zweite körperliche Auseinandersetzung in weniger als einer Stunde. Das Militärdress enthemmte sie, der

Hunger, der Druck, unter dem sie stand. Warum war der Nerd auch so unfreundlich gewesen? Sie klopfte den Code, den sie nun kannte, gegen die Stahltür und schob sich das zu große Basecap tief in die Stirn. Sie sagte das Passwort (»Wunderbar Berlin«), grüßte knapp in die Dunkelheit und ging, Sporttasche über der Schulter, eine schmale Treppe hoch. Nur nicht stehen bleiben. Falls jemand von draußen rief, dass ein Mann geknebelt und an ein Regenrohr im Nachbarhof gefesselt war – damit hatte sie nichts zu tun. »Ich brauche nur ein paar Minuten«, hatte sie beim Weggehen gesagt. »Versprochen.«

Warme, verbrauchte Luft schlug ihr entgegen. Stufen, Wände, alles war schwarz gestrichen. Sie hörte Stöhnen, rhythmisches Poltern, anfeuernde Rufe. Am Ende eines schlecht beleuchteten Flurs lag ein Umkleideraum: Frauen und Männer zogen sich gemeinsam um, saßen auf Holzpritschen, aßen Proteinriegel oder checkten Nachrichten auf ihren Telefonen. Die meisten schätzte Jana auf Ende zwanzig bis Mitte dreißig. Über dem Eingang zu den Duschräumen hing ein Plakat: »Sag mir, was dich kaputt macht, und ich sage dir, wer du bist.« Zwischen diesen Leuten, von denen die meisten eher aussahen, als mixten sie Cocktails in einer Bar oder machten etwas Kreatives, konnte sie sich Bienchen nicht vorstellen. Wo war sie? Warum war sie hierhergekommen?

Jana öffnete die Sporttasche und fand Sportkleidung. Sie zog sich um – die Kleidung war zu groß, aber aus Baumwolle mit Stretchanteil, es würde gehen. In der Tasche fand sie auch Handtuch, Duschgel, ein Vorhängeschloss für den Spind.

»Alles locker?«, fragte ein Mann neben ihr.

»Easy, klar«, antwortete sie.

Die Schuhe. Männersportschuhe, Größe 43, aus denen würde sie rauskippen. Sie konnte sie nicht einmal aus der

Tasche holen und ausprobieren, ohne dass es auffiel. Sie ließ die Tasche sinken und machte ein genervtes Gesicht: »Schuhe vergessen.«

»Kannst auf Socken trainieren.«

»Nicht so cool.«

»Die Knochenmühle musst du weglassen.«

Die was?!

»Knochenmühle hatte ich eigentlich heute vor«, sagte sie und machte ein gleichgültiges Gesicht.

»Hab dich hier noch nie gesehen.«

»Ich komm meistens früher.«

»Ich auch.«

»Echt? Zufall.«

»Ich bin der Hardy.« Er streckte ihr die Hand hin.

»Ich bin die Katja.«

Hardy hatte ein rundes, glattes Gesicht, kurze, dunkelbraune Haare und einen kurz gestutzten Vollbart. Er war mittelgroß, mit einem Tattoo auf dem Unterarm und Muskeln, die sich unter seinem Trainingsshirt wölbten. Er sah aus wie diese Typen aus der Craftbeer-Werbung – ein bisschen verstrubbelt, attraktiv auf eine Art, die man beim nächsten Spot schon wieder vergessen hatte.

»Und?«, fragte er. »Wen hasst du so?«

»Wie?«

»Was ist dein Hass?«

»Och, ich hasse ziemlich querbeet …«

»Cardio-Hass?«

»Klar, immer.«

»Ich mach heute Fresseschlagen.«

»Gute Sache.«

»Ich bin auf Level ›saturiertes Arschloch‹.«

Jana fühlte ihr Gesicht heiß werden. Wovon redete der Typ? Sie sagte: »Saturiertes Arschloch, nicht schlecht.« Gleich, dachte sie, fliegt alles auf. Gleich merkt er, dass ich keine Ahnung habe, dass ich zuletzt als Kind jemandem in die Fresse geschlagen habe. Doch Hardy sagte: »Gehen wir zum Combat-Cycling?«

Der Trainingsraum erstreckte sich über die gesamte Etage. Geräte standen vor den zugeklebten Fenstern oder um die Pfeiler in der Mitte des Raumes. Ringe hingen an Seilen, auf dem Fußboden lagen Matten. Eine Klimaanlage gab es nicht, nur alte Heizkörper, an der Decke drehten sich Ventilatoren. Musik aus großen Boxen mischte sich mit dem Stöhnen und Keuchen der Sportler. »Nimm das!«, schrie einer. »Drecksau!«

Ungefähr zwanzig Leute trainierten hier, etwa gleich viele Männer wie Frauen. Schlugen mit Boxhandschuhen gegen Sandsäcke, auf die Gesichter gemalt waren – manche hatten selbst mitgebrachte Fotos an Haken gehängt. Sie traten im Karatestil gegen lebensgroße Figuren, eine stellte einen Polizisten dar, andere sahen aus wie Professoren oder Abteilungsleiter, mit aufgepolsterten, von den Tritten an einigen Stellen zerplatzten Bäuchen. Auf eine Figur war ein Männergesicht geklebt – braun gebrannt, im Hintergrund Strand, ein Urlaubsfoto. Eine Frau, zart, rothaarig, Halsadern geschwollen vor Wut, nahm Anlauf, sprang, traf das Gesicht mit der Sohle und schrie: »Ich will dich nie wieder sehen!«

Hardy deutete zum Fenster: »Zwei Räder sind frei.«

Sie setzten sich auf die Sättel, legten ihre Handtücher über die Griffstangen. Mit den ersten Tritten in die Pedale leuchtete das Display auf. Es zeigte keine Trainingsrunden oder Kaloriendaten, stattdessen zwei Männchen – es konnten auch Frauen sein, sie waren grob gepixelt und geschlechtslos –, die einander gegenüberstanden. Die versuchten, sich gegenseitig unter eine gewellte Linie zu drücken, die Wasser darstellen sollte.

»Und? Wie lange bist du schon in Berlin?«, fragte Hardy.

»Ein paar Monate«, sagte Jana.

»Geil, oder?«

»Total.«

»Ich komm aus der Eifel. Totes Kaff, null kreativer Input. Hier hast du so viele Leute, Ideen, die ganzen genialen Sachen … Schon der Hammer.«

Ein Männchen war rot ausgepixelt, das andere schwarz. Je schneller Jana trat, desto tiefer drückte das rote Männchen das schwarze unter Wasser. Wurde sie langsamer, tauchte das schwarze Männchen wieder auf, drückte das rote unter Wasser, und das Display blinkte: *»Mortal Countdown«:* 180 Sekunden, 179, 178 …

»Ich starte gerade was Neues«, sagte Hardy. »In Friedrichshain.«

»Wahnsinn.«

»Was brauchst du? Loft, aber das kannst du dir teilen, gibt super viele Leute, die hier was starten. Brauchst einen Tisch, aber da nimmst du einfach zwei Unterstellböcke, legst 'ne alte Tür rauf, sieht sogar cool aus. Kaffeemaschine teilst du dir mit den anderen, brauchst halt das Geld für die Kapseln, scheißteuer. Was noch? MacBook, aber du brauchst kein Spitzenmodell. Meins ist drei Jahre alt, hat nicht mal TouchBar. Aber hey, das Teil funktioniert! Und dann«, seine Miene verfinsterte sich, »brauchst du nur noch 'ne geile Idee.«

Er trat fester in die Pedale, drückte das gegnerische Männchen unter die Wasserlinie. Jana hatte sich ablenken lassen, seit vierzig Sekunden war ihr Männchen unter Wasser. Sie trat schneller, nicht ideal auf Socken, ihre Männchen kämpften auf Leben und Tod: *Mortal Countdown,* 172 Sekunden, 171 …

»Sache ist nämlich«, sagte Hardy, »in Berlin ist auch viel Verarsche. Unser Vermieter zum Beispiel – ich meine, das ist ja klar, wenn du was Neues startest, du musst ja erst mal gucken, was hab ich für Ideen, was haben die anderen für

Ideen … Jetzt klagt der die Melanie wegen Mietrückstand raus, dann klagt der den Tobias raus, wahrscheinlich klagt der mich bald raus. Was stellt er sich vor? Sollen meine Eltern ihre Bäckerei verkloppen, damit der sich die Taschen vollstopft?«

»Totale Verarsche«, sagte Jana.

»Mega-Verarsche! Und jetzt rat mal, wo der herkommt.«

»Bayern?«

»Kalt.«

»Baden-Württemberg?«

»Kalt.«

128 Sekunden, 127 … Je länger Jana das feindliche Männchen unter Wasser hielt, desto stärker stellte die Maschine den Widerstand ein.

»Norwegen! Der Typ ist Norweger!« Schweiß tropfte von Hardys Stirn aufs Display. »Scheißnorweger kaufen alles auf. Tun so skandinavisch, Naturholz, trallalla. Aber sobald das einen Monat mit der Miete nicht läuft oder zwei … Knallen dich ab wie 'n Scheißrentier.«

»Boah, wie bitter.«

»Das ist Systemversagen! Ich meine, die Stadt sagt, sie will, dass junge Kreative herkommen, was aufbauen, ihr Ding machen. Und dann ziehst du von der Eifel nach Berlin und wirst vom Norweger fremdbestimmt!«

49

Breyer saß in der winzigen Küche seiner Dienstwohnung. Das Abendessen drehte sich in der Mikrowelle, er starrte sein Telefon an, betäubt von der Nachricht. Der Gesundheitsminister, dieser Wahnsinnige. Hatte auf dem Alexanderplatz eine Demonstration wutschäumender Krankenschwestern adressiert. Keinen halben Satz hatte er gesagt, dann war ihm eine Birkenstock-Sandale an die Schläfe geflogen. Mit Gehirnerschütterung lag er in der Charité und musste für die nächsten Wochen alle Termine absagen. Das bedeutete, Breyer hatte morgen Abend seinen ersten Auftritt in der Talkshow von Hanna Wunsch.

Eisregen schlug gegen die Fensterscheiben. Der Innenminister vor dem Rücktritt. Sein ärgster Konkurrent im Krankenhaus. Der Weg war frei. In der Talkshow sollte es um Angst gehen, Deutschland am Abgrund, die Politik lässt die Bürger im Stich, das Übliche. Breyer würde Mut machen. Vorangehen, die Fackel hochhalten. Das Verkehrsministerium war ihm schon lange zu klein, er konnte dort nicht das gestalten, was die Menschen wirklich bewegte. Wenn Spreißel sich nicht schnell erholte, gab es zu Breyer keine Alternative. Die Kanzlerin liebte es ohne Alternative. Verkehrsministerium? Konnte sie mit einer Frau aus dem Osten besetzen, gut für die Quote. Breyer würde das Ministerium ohne Wehmut verlassen, aber mit reinem Gewissen. Sollten sich andere für die Mobilitätsvignette rupfen lassen.

Ping – das Rahmgeschnetzelte mit Champignons war verzehrfertig. Euphorie betäubte den Hunger. Er überlegte, seine Frau anzurufen. Nein, nicht jetzt. Thema innere

Sicherheit, Zahlen, Daten, Fakten, er musste Kompetenz vermitteln, das erwarteten die Bürger. Bis morgen Abend gab es eine Menge zu tun.

50

Jana saß schwer atmend neben ihrem Spind. Sie musste hier raus, und zwar bald. Wenn der Typ draußen noch lange am Regenrohr hockte, würde er erfrieren. Bienchen hatte sie nirgends gesehen, wahrscheinlich war sie längst weg. Und Jana war bei der Schädelpresse gewesen. Die Schädelpresse war eine Kraftmaschine, wie sie sie aus dem Fitnessraum im Internat kannte: Butterfly, Training der Brust- und Schultermuskeln. Nur presste man hier mit dem Gewicht einen Gummiball zusammen, der sich unter dem Druck zu einem Wulst verformte. Der Ball ließ sich von Smartphones ansteuern und zeigte das Gesicht, das der Nutzer ihm schickte.

Die Frau an der Maschine war eine von den Älteren gewesen, über vierzig, schlanke, gepflegte Erscheinung, kastanienbraunes Haar mit grauen Strähnchen. Der Ball hatte einen Jungen von höchstens zehn Jahren gezeigt, schwarze Haare, dunkle Haut, schlechte Zähne. Die Frau hatte mit hoher Frequenz die Gewichte im Sekundentakt auf das Gesicht schlagen lassen: »Blö-des Arsch-loch, blö-des Arsch-loch, blö-des Arsch-loch …« Sie hatte sich mit einem Handtuch über Hals und Stirn gewischt, an ihren Handygurt gegriffen und ein neues Foto geklickt. Nun zeigte der Ball ein Mädchen im Kopftuch, die Frau begann den nächsten Trainingssatz: »Mie-se Rat-te, mie-se

Rat-te, mie-se Rat-te …«, während der Kopf des Mädchens sich unter den Schlägen verbog. »Lehrerin an 'ner Brennpunktschule«, hatte Hardy geflüstert. »Die ist tagsüber total verständnisvoll. Abends lässt sie's hier raus.« – »Aber auf Kinderköpfe schlagen …« – »Trainierst hier noch nicht lange, wie? Das Trainingskonzept ist, dass wir unseren Hass nicht werten.« In Hardys Stimme hatte Jana einen klar wertenden Ton gehört.

Sie schloss den Spind auf, zog sich um, duschen konnte sie später. Gerade zog sie den Reißverschluss eines Schuhs hoch, da hörte sie von unten Stimmen: »Die hat mich niedergeschlagen!«

»Wir finden sie.«

»Tasche, Basecap, alles weggenommen!«

Jana griff ihren Rucksack, hastete die Treppe hoch, hoffentlich gab es hier einen Notausgang. Aus einem zweiten, höher gelegenen Trainingsraum hörte sie Tritte und Kommandos. Sie drückte sich an der Wand am Trainingsraum vorbei zur nächsten Treppe. Die war steiler, schmaler und endete an einer weiteren Stahltür. Sie saß in der Falle. Je höher sie stieg, desto geringer die Chance, einen Ausgang zu finden. Durch ein kleines, zerkratztes Fenster konnte sie hinunter in den Trainingsraum sehen. Von hier hatten vermutlich früher die Aufseher ihre Arbeiter überwacht. Der Raum war ebenso groß wie der andere und von den gleichen Neonröhren erhellt, aber niedriger und ohne Geräte. An der unverputzten Wand hing ein Transparent: »Dein Hass entscheidet!« Eine Gruppe von drei Männern und drei Frauen übte Nahkampf. Die Gesichter waren vermummt, sie trugen keine Trainingskleidung, sondern Kampfmontur, mit Stiefeln und Schlagstöcken. Kisten waren gestapelt, Stellwände aufgebaut, Angreifer sprangen von den Kisten, als ob sie von einem Lastwagen sprangen. Eine Tür öffnete sich, ein Mann kam heraus. Die sechs überwältigten, fesselten und knebelten ihn, eine Sache von Sekunden, jeder Handgriff saß. Eine Frau nahm ihre Vermummung ab – es war Zoë Bennig. Sie hatte eine Frage, es gab eine kurze Diskussion, die Kisten wurden näher an die Stellwand gerückt. Erneuter Angriff: Zwei Männer kamen durch die Tür, mit erhobenen Schusswaffen. Kampf, Tritte in Unterleiber, gegen Arme, die Waffen flogen aus den Händen … Zoë trainierte konzentriert, verbissen. Das war kein Sport mehr. Sie probten den Ernstfall.

Von unten hörte Jana Stimmen: »Die hat mich fast erwürgt!« Sie musste auf einen Weg aufs Dach hoffen. Sie drückte den Griff der Eisentür, schob sie auf. Kühle Luft schlug ihr entgegen. Sie stieg in grünliches Dämmerlicht. LED-Lampen beschienen Umkleideschränke, die Reste einer Sauna und eines Duschbereichs. Die Armaturen waren abmontiert, die Kacheln an mehreren Stellen abgeschlagen. In der Sauna standen Plastikeimer und alte Kartons auf den Holzbänken, der Heizofen fehlte, nur ein paar Steine lagen auf den Fliesen. Dies musste früher der Wellness-Bereich eines Sportstudios gewesen sein – eines der kleinen, privaten, bevor die großen Ketten sie verdrängt hatten. Hier war es kälter, es roch nach Holz und Schimmel.

Jana hörte eine Stimme, mehr ein Winseln. Es kam von weiter hinten, wo das Licht vom Grünen ins Bläuliche wechselte. Sie ging auf dieses Winseln zu, vorbei an Blumenkübeln mit schwarz verschimmelten Plastikpalmen. Eine lose Fliese knirschte unter ihren Füßen, sie erstarrte. Wieder hörte sie das Winseln. Und nun eine Stimme, die sie kannte: »Ich weiß nichts … Ich weiß doch gar nichts …«

Vorsichtig setzte sie Schritt vor Schritt. Hörte Surren von Ventilatoren. Sah eine Badeleiter, die in einen Swimmingpool führte. Ein Schild, das auf dem Boden lehnte, warnte: *Rutschgefahr*. Sie ging hinter einem Stapel Liegestuhlauflagen in Deckung. Der Pool war kaum mehr als ein Tauchbecken, etwa vier Meter lang und zweieinhalb Meter breit. Auf die Fliesen am Beckenrand waren tropische Fische glasiert. Im Pool gab es kein Wasser, stattdessen einen Arbeitstisch mit mehreren Monitoren, zwei Stühle, einen Beistelltisch mit Kaffeemaschine und Colaflaschen.

Auf einem der Stühle saß Bienchen. Sie war an Armen, Beinen und Oberkörper gefesselt. Schweiß lief ihren Nacken hinunter. Ihre Hände krümmten sich, suchten Halt an den Armlehnen, konnten sie wegen der Fesseln nicht greifen. Auf dem anderen Stuhl saß ein junger Mann in weißem Hemd und schwarzer Hose, den Jana von einem Kinderfoto auf Bienchens Schreibtisch kannte: ihr Sohn, kein Zweifel. Sein Gesicht hatte denselben stumpfen, etwas traurigen Blick wie auf dem Foto: das Gesicht eines Kindes, das nie zu einem Geburtstag eingeladen wird. Er hielt ein Plastikpalmenblatt in der Hand, aus dessen Stängel ein Nagel ragte. Diesen Nagel bohrte er in Bienchens Arm. Sie stöhnte, wand sich. »Ich weiß doch nichts.«

Der Sohn bohrte tiefer, Blut tropfte auf die Kacheln.

»Ich weiß nichts! Ich wollte nicht, dass sie sie finden!«

Der Sohn sagte etwas.

»Auch nicht unbewusst! Bitte … Ich bin deine Mutter …«

Das Gesicht des Jungen färbte sich gelblich. Er stand auf, schlug ihr das Palmenblatt ins Gesicht, links, rechts, links … Jana wollte aufspringen, eingreifen – da hörte sie Schritte von der Treppe, lose Fliesen knirschten, sie rutschte tiefer hinter die Liegestuhlauflagen. Sie hörte Klatschen, Bienchens Schreie – und eine weibliche Kommandostimme: »Was soll das?!«

Bienchens Sohn murmelte etwas.

»Ich weiß nichts!«, schrie Bienchen.

»Wir haben gerade andere Sorgen«, sagte die Stimme. »Jemand ist hier eingedrungen. Mädchen um die zwanzig, klein, Armeekleidung. Ist Ihnen draußen jemand gefolgt?«

»Bestimmt nicht«, sagte Bienchen.

»Woher wissen Sie das?«

Wieder das Klatschen des Palmenblatts, Bienchens Schreie.

»Hör auf mit dem Quatsch! Unten bewachen sie den Ausgang. Das Mädchen kommt nicht raus. Dann werden wir sehen, ob alles nur Zufall ist. Ich glaube allerdings nicht an Zufall. Wie weit bist du?«

Der Sohn redete leise, verschluckte die Worte, Jana verstand nur »Brandschutzmelder … Überhitzung … Kabelschmelze …«

Sie hörte schnelle Schritte und Zoë Bennigs Stimme: »Unten ist sie nicht. Sie muss sich irgendwo hier verstecken.«

Eine Frage von Minuten, dann würde Jana entdeckt werden. Sie konnte nicht zurück nach unten. Der Wellness-Bereich hatte keinen zweiten Ausgang.

Aber da war Bienchens Mantel.

Er hing an einem Handtuchhalter vor einer Fototapete. Sie trug Rock und Bluse, beides ohne Taschen. Das heißt, ihr Telefon musste im Mantel sein. Polizei, Feuerwehr … Jemand musste diesen Laden stürmen und sie hier rausholen. Sie hörte die Frauen in den Pool klettern, hörte sie reden: »Kabelbrand … Stahlschmelze … Wahrscheinlichkeit fünfzig Prozent …« Sie robbte los, vorbei an Liegen und einem Bottich für Aufgüsse. Sie robbte um eine lose Fliese herum und erreichte den Mantel. Richtete sich auf, durchsuchte die Taschen. Sie sah Bienchen, die auf ihrem Stuhl saß, zitternd vor Kälte, Schmerz, Angst. In der Innentasche fand sie das Telefon. Es war gesperrt, doch ein Notruf war möglich. Die Tasten piepten.

Bienchen reckte den Kopf hoch, sah Jana und schrie: »Da ist sie! Die Verräterin!«

Zoë, die zweite Frau und der Sohn blickten hoch.

»Sie weiß alles!«, schrie Bienchen. »Holt sie euch!«

Jana riss eine Palme um, floh aus dem Wellness-Bereich, vorbei an der Sauna und den Duschen.

»Stehen bleiben!«, schrie Zoë.

Eine Trittleiter führte weiter nach oben.

51

Jana drückte die Luke hoch. Eisregen schlug ihr ins Gesicht. Sie stemmte sich aufs Dach, ließ die Luke zufallen. Sie suchte nach einem Gewicht, um sie zu sichern. Es gab hier nichts außer alten Campingstühlen und einem verrosteten Gartengrill. Vor allem gab es keine Möglichkeit, auf andere Häuser zu gelangen. Sie hörte Schritte auf der Trittleiter, duckte sich hinter den Schornstein, zog den Reißverschluss ihrer Jacke hoch.

Die Luke wurde hochgedrückt. Zoë rief in die Dunkelheit: »Wo sind Sie?«

Jana antwortete nicht.

»Kommen Sie runter! Wir können über alles reden! Was Sie wollen! Was wir wollen! Wir stehen auf derselben Seite!«

»Ich stehe nicht auf der Seite von Leuten, die auf Kinderköpfe einschlagen!«

»Ich bin auch nicht mit allem einverstanden. Aber man muss doch Verständnis haben.«

»Nein! Muss man nicht!«

Der Kopf der zweiten Frau erschien in der Luke – sie wirkte härter, trainierter, entschlossener. Flüsterte Zoë etwas zu.

»Darf ich Du zu dir sagen?«, fragte Zoë.

Jana antwortete nicht.

»Du hast gesagt, du kannst das Protokoll mit den Mängeln bringen. Mit den Plänen von damals.«

»Und wenn ich das könnte? Was würdet ihr tun? Ihr plant einen Anschlag auf den Flughafen!«

»Wir planen die Rettung der Stadt! Merkst du nicht, worum es geht?«

Der Eisregen wurde stärker. Janas Hände und Gesicht wurden taub. Wieder flüsterte die Frau in Zoës Ohr.

»Komm nach unten«, sagte Zoë. »Wir haben heißen Proteindrink mit Vanille.«

»Was ist mit Bienchens Sohn?«

»Er hat Fähigkeiten, die uns nützen.«

»Ihr spioniert Pankelows Firma aus.«

»Pankelow ist keiner von den Guten.«

»Wenigstens will er den Flughafen nicht zerstören!«

»Weißt du, wie viele Milliarden dieses Ding kostet? Wie viele Lehrer und Erzieher man davon bezahlen kann? Der Flughafen ist das Symbol eines verbrecherischen Systems! Die Wut wächst! Es geht nicht um Zerstörung, sondern um Befreiung!«

Jana trat aus der Deckung des Schornsteins. Zoë stand bis zur Hüfte in der Luke, in Kampfmontur, mit Schlagstock. Trotzdem wirkte sie unsicher, ängstlich. Die Frau neben ihr hielt ihre Hand fest gedrückt.

»Wer ist das?«, fragte Jana.

»Gesine, eine Freundin.«

»Mir gehört dieses Studio«, sagte Gesine. »Und ich bin nicht *eine* Freundin, sondern *die* Freundin. Komm rein, wir frieren uns die Titten ab.«

Jana näherte sich der Luke. Zoë streckte die Hand aus. Das Lächeln der Frau, kalt und fordernd, hielt sie zurück. Und das Klingeln von Bienchens Telefon. »Paco« stand auf dem Display.

»Wer ist das?«, fragte Zoë.

»Pankelow.«

»Steck das Telefon ein«, sagte Gesine.

»Ich sage ihm, was ihr vorhabt.«

»Gib das Telefon her!«

»Er schickt seine Leute!«

Mit einem Sprung stand Gesine auf dem Dach. Drehte Jana den Arm auf den Rücken, das Telefon fiel aus ihrer Hand. Gesine griff danach, Jana trat es weg, das Telefon schlitterte unter den Gartengrill. Jana lief über das Dach, zum Geländer der Feuerleiter.

»Bleib stehen!«

Gesine packte ihren Arm, Jana riss sich los, kletterte hinunter. Gesine warf ihr einen Klappstuhl hinterher, den Gartengrill, er erwischte sie an der klammen Hand. Ihr Fuß rutschte von der Sprosse. Während sie fiel, hörte sie die Männerstimme aus Kindertagen, »Der 7. Sinn«, jeden Freitagabend: »Blitzeis – die unterschätzte Gefahr.«

SECHSTER TEIL

Am nächsten Tag

»Wir sind sicher auf der Zielgeraden.
Die Frage des Tempos und wie lang die Zielgerade ist,
ist eine andere.«

RAINER BRETSCHNEIDER,
BER-Aufsichtsrat, 2017

52

Guten Morgen, Sam,

Es ist 4.11 Uhr nachts. Ich sitze in einem Internetcafé in der Potsdamer Straße. Neben mir gucken Männer Pornos, telefonieren mit ihren Verwandten in Aleppo. Draußen schneits, ich bin müde, mir ist kalt. Bei einem Sturz von einem Hausdach habe ich mir den Fuß verknackst. Ich wollte dich anrufen, habe aber kein Telefon mehr. Dies ist meine letzte Nachricht, den Account lösche ich, so hinterlasse ich keine Spuren.
ICH WILL NICHT MEHR!!
Morgen früh hole ich aus meinem WG-Zimmer meine Sachen und meinen Pass. In Berlin habe ich so viel verloren, so viel ist kaputtgegangen, der Rest passt in einen Rucksack. Aber vorher schreibe ich dir einige Dinge, die ich herausbekommen habe.
Bienchen betrügt euch. Ihr Sohn arbeitet für eine militante Gruppe, die die Zerstörung des Flughafens plant. Für den Anschlag brauchen sie Informationen, noch haben sie nicht alle. Jetzt, wo Bienchen aufgeflogen ist und ich Bescheid weiß, schlagen sie vermutlich bald los.
Ich hätte dich gern noch einmal gesehen. Wir haben nie richtig miteinander gesprochen, außer auf der Bank am Spreeufer, und da haben wir uns gestritten. Ich hätte dich gern gefragt, warum du das alles tust. Mit welcher Hoffnung der Flughafen dich betrügt. Denn er betrügt dich, wie er alle betrügt, da bin ich sicher. Wenn du dich nicht bald befreist, wird er auch dich aussaugen. Mir macht dieser Flughafen Angst. Ich sehe, wie er alles aufhetzt und vergiftet. Wie er alle Menschen, die ihm zu nahe kommen, als Geisel nimmt. Hat er einen Plan? Oder ist er kein Wesen, eher eine Idee, wie Religion oder

Kommunismus? Vielleicht hat die militante Gruppe recht, Zerstörung ist die einzige Lösung. Falls sie gelingt, werde ich weit weg sein, in einem Land, in dem die Sonne scheint, in dem Flugzeuge starten und landen – wenn auch nicht auf dem modernsten Flugplatz der Welt.
Grüße an Pankelow. Auch ihn hätte ich gern noch einmal gesehen. Der Flughafen zerstört alles.

Alles Gute
Jana

Sam lehnte sich zurück. Ein bleigrauer Morgen dämmerte, an der Fensterscheibe hingen Eiskristalle. So war das also. Bienchens Sohn. Ein Anschlag in den nächsten Tagen. Hatte Helge ihn schon geplant, als er den USB-Stick in Seoks Computer gesteckt hatte? Nicht wahrscheinlich. Und nicht mehr wichtig. Wichtig war, dass er Mitstreiter hatte. Und genügend Informationen, um es zumindest zu versuchen. Sam hatte es in den letzten Monaten immer wieder überrascht, wie instabil der Flughafen gebaut war. Der Sandboden, ungeeignet für schwere Gebäude. Der Grundwasserspiegel, seit Baubeginn war er um über einen Meter gestiegen. Lüftungsschächte unter Wasser, Plastikdübel, die im Brandfall schmolzen, Stahlarmierungen, die zu schwach waren für die Entrauchungsschornsteine … Wer die Schwachstellen kannte, die richtigen Kabel kappte, konnte mit wenigen Brandsätzen ein Szenario auslösen ähnlich der Zerstörung der Twin Towers. Nur brauchte er für die Zerstörung des Flughafens keine Flugzeuge.

Sam starrte die nackte Wand an. Seine Plattenbauwohnung war groß, aber kaum möbliert. Ein Futon, eine Kleiderstange mit einigen Hemden und Hosen. An der Wand ein Stapel Bücher, vor allem Fachliteratur – das meiste las er elektronisch.

Ich hätte dich gern gefragt, warum du das alles tust.

Er hatte Jana unterschätzt, das war klar. Wenn er sie nicht entlassen hätte, wenn sie an einem Strang, in eine Richtung ziehen würden, wenn, wenn … Er schlug die Decke zurück, lag einige Augenblicke nackt auf dem Laken. Jana war weg, vermutlich würde er sie nie wiedersehen. Er war allein, wie er in seinem Leben eigentlich immer allein gewesen war. Die Kälte machte ihn wach und entschlossen. Er wusste wieder, warum er das alles tat: Weil er keine Wahl hatte. Weil Menschen sich nicht aussuchen können, wofür sie auf der Welt sind, nicht wenn ihr Leben etwas bedeutet. Sie erfüllen die Aufgabe, für die sie geboren wurden – oder scheitern, dann ist ihr Leben verpfuscht. Heute Abend sollte die Zusammenkunft mit den Wirtschaftsführern stattfinden. Es war Sams erste Präsentation. Zu früh, noch waren sie weit vom Gipfel entfernt. Aber es war seine Chance, ihnen für das wahre Ziel die Augen zu öffnen.

Er setzte sich auf. Er hatte eine Menge vorzubereiten. Kein Historiker hatte je behauptet, der Bau von Stonehenge sei einfach gewesen.

53

In der Küche pfiff der Teekessel.

Zoë lag in einem breiten Bett, zwischen schwarzem und violettem Satin. Hörte Gesine mit Tellern und Besteck hantieren, dabei am Telefon Anweisungen geben: »Ich brauche dich mit Bea unter der Südpier … Im äußersten Fall die Blendgranate …« Sie war die geborene Führerin.

Jeder ordnete sich bereitwillig unter, ihre Entschlossenheit riss alle mit. Auf diesen Tag hatte sie sich monatelang vorbereitet; nun war er schneller gekommen, als ihr lieb war. Sie konnte nicht sicher sein, dass Helges Berechnungen funktionierten. Aber Warten war keine Option, nicht nach der letzten Nacht.

Gesine kam ins Schlafzimmer mit einem Tablett, auf dem neben Obstsalat, Joghurt, Teekanne und Tassen eine rote Rose im Glas stand.

»Guten Morgen!« Sie gab Zoë Küsse auf Stirn, Mund, Brust. Stellte das Tablett auf ein Tischchen, Zoë musste sich nur aufrichten und frühstücken.

»Seit wann bist du so häuslich?«, fragte Zoë.

»Immer gewesen. Hab bloß nie dazu gestanden.«

Zoë kannte noch Gesines alte Wohnung, ein Eineinhalb-Zimmer-Loch auf der Roten Insel. Die hier war eine andere Klasse: vier Zimmer Altbau, Stuck, Tafelparkett. Hohe Fenster, Blick auf den Friedrichshain. Erstaunlich bürgerlich für eine Anarchistin. Offensichtlich verdiente Gesine mit dem Studio mehr, als Zoë gedacht hatte. Hass? Revolution? Keine Spur davon in den Bauhaus-Möbeln, den abstrakten Bildern an der Wand. Vielleicht war da gar kein Hass. Vielleicht hatte sie einfach eine Marktlücke entdeckt. Trieb sich in INCEL-Foren herum, sammelte Bitterkeit, Enttäuschung, leere Herzen ein. Andererseits: Wenn die Aktion heute Abend schiefging, landete sie für Jahre im Knast. Nein, so war Gesines Natur: Richtete sie sich eine Wohnung ein, dann teuer und schön. Hatte sie etwas gegen einen Flughafen, jagte sie ihn in die Luft.

»Carola habe ich noch nicht erreicht, aber da mache ich mir keine Sorgen.« Gesine setzte sich zu Zoë ins Bett. »Sonst sind alle dabei.«

»Der Plan?«

»Helge lässt noch mal alle Simulationen durchlaufen. Je schneller und höher die Temperaturen steigen, umso besser.«

»Aber wenn –«

»Ab jetzt keine Bedenken mehr. Bedenken sind tabu.«

Zoë schenkte Tee ein, Gesine belegte ein Brötchen mit Roastbeef. Im Studio trat sie als Vegetarierin auf. In ihrer Wohnung war davon nichts zu merken, der Kühlschrank war voll von Beefsteak, Entenbrust, Lammfilets.

»Es ist schön, dass du dabei bist.« Gesine drückte Zoës Hand. »Du warst gut, im Training. Hast sofort begriffen, worauf es ankommt.«

»Danke.«

»Hast du das Gör angerufen?«

»Noch nicht.«

»Machs jetzt.«

In der Nacht hatten sie am Fuß der Feuerleiter nur den zerschmetterten Gartengrill und etwas Blut gefunden; wahrscheinlich hatte Jana sich die Hand aufgeschrammt. Zoë hatte sie überzeugt, dass es nichts gebracht hätte, sofort anzurufen: »Gib ihr Zeit, die Dinge klar zu sehen.« Aber das war einige Stunden her.

»Ich will wissen, was die kleine Nutte vorhat.«

»Nenne sie nicht so.«

»Systemnutte. Sind die Schlimmsten.«

In der Küche klingelte Gesines Telefon. Sie biss von ihrem Brötchen ab und verließ das Schlafzimmer. Zoë suchte, bis sie in ihrem Telefon die Option für anonyme Anrufe gefunden hatte, und wählte Janas Nummer.

Sie hörte eine Männerstimme. Sie legte sofort auf.

Gesine kam zurück. »Hast du sie erreicht?«

»Mailbox.«

»Schläft noch, die Schlampe.«

Besser, Zoë sagte nicht, wer sich eben am Telefon

gemeldet hatte. Es gab tausend mögliche Gründe. Vielleicht hatte Jana ihr Telefon auf der Flucht verloren. Oder sie hatte es nur bis zur Straße geschafft, lag im Krankenhaus. Und was konnte sie der Polizei sagen? Was hatte sie gesehen, außer ein paar Bildern im Computer?

»Alles in Ordnung?«, fragte Gesine.

»Alles in Ordnung.«

Keine Bedenken mehr. Bedenken waren tabu.

54

Schnettke saß am Schreibtisch und zupfte ein Haar aus seiner Ohrmuschel. Schneeflocken trieben vor den Fenstern. Die Kanzlerin weilte auf Staatsbesuch in einem Ölstaat. Sein Minister, der hinter der geschlossenen Tür auf und ab ging, sagte Zahlen, Daten, Fakten auf wie ein kleiner Junge. Er bereitete sich auf seinen Auftritt bei Hanna Wunsch vor. Gut so – je höher er stieg, desto tiefer würde er stürzen. Alles noch eine Frage von wenigen Tagen, dann würde sich Schnettkes Leben ändern.

Gründlich.

Nicht wiederzuerkennen, sein Leben.

Seit heute Morgen lag Bienchens Geld auf dem Konto auf den Seychellen. Er hatte ihr das Herz wässrig gemacht mit der Aussicht auf Strand, Palmen, Jamaika-Rum in einer Kokosnuss, ein Leben in Saus, Braus und, ganz wichtig, ohne Reue. Reue über verpasste Möglichkeiten, verlorene Jahrzehnte. Alles, hatte er versprochen, würden sie zusammen nachholen. Sie hatte tatsächlich ihr gesamtes Geld überwiesen, die dumme Kuh, noch in derselben Nacht.

Zweiundachtzigtausend Euro. Was eine Verwaltungsangestellte so zusammenspart, wenn sie keine Kosten hat, keine Pflichten, nur einen Sohn, dem sie außer dem Nötigsten nichts kauft. Schnettke hätte sie nie in seinen Plan, seine fantastisch lukrative Spekulation eingeweiht, wenn er nicht ihr Geld gebraucht hätte. Doch er selbst hatte nichts. Einiges hatte er mit einer unglücklichen Option auf Edelmetalle in den Sand gesetzt. Der Rest war weggegangen für Nutten. Überhaupt die Nutten: Von der Hurerei kam er nicht los, immer wieder hatte er gute Vorsätze gefasst, zu Silvester, Ostern, Tag der Deutschen Einheit … Aber spätestens am 5. Oktober war er wieder in seinem Opel Ascona die Pohlstraße auf und ab gefahren. Oder hatte an der Tür der Hoppelpoppel-Bar geklingelt. Nach dem Debakel mit den Edelmetallen hatte er den Gürtel enger schnallen müssen. Das Roma-Bordell in der Pannierstraße, übernächtigte Zigeunermädchen für vierzig Euro … Schluss mit den schalen Erinnerungen! Seine neue Spekulation war besser, viel besser.

Durch die Tür hörte er Breyer: »Ich habe Sie ausreden lassen, jetzt lassen Sie bitte mich ausreden … Sie haben den Menschen keine Lösungen anzubieten, nur Polemik.« Der arme Mann musste, wenn der Flughafen in rauchenden Trümmern lag, eine Rede halten. Eine peinliche, nassforsche Rede, Schnettke hatte sie schon skizziert. »Berlin braucht keinen neuen Flughafen, Berlin reicht Tegel.« Breyer musste krachend untergehen, niemandem durfte in den ersten Tagen auffallen, dass sich sein Referent aus dem Staub gemacht hatte. Danach würde er seine Spuren verwischt haben.

Schnettkes Telefon klingelte.

»Schnettke, du Lump.« Im Hintergrund hörte er lallende Stimmen und Schlagermusik.

»Ingeborg, wo –«

»Ich heiß Bienchen!« Gluckern einer Flasche. »Ich war da, Schnettke … Sie haben die Skorpione entdeckt.«

»Was?«

»Dieses listige kleine Mädchen …«

»Von wem sprichst du?«

»Sie suchen sie. Und wenn sie sie finden, was dein Sohn dann mit ihr macht …«

»Ich verstehe nicht – «

»Dein Sohn! Ein Ungeheuer hast du mir in den Leib gepflanzt!«

Im Hintergrund sang einer von einem Zug nach Nirgendwo. Gläser klirrten, Bienchen schluchzte.

»Sie sagen, sie machen es heute Nacht … Sie können nicht länger warten.«

»Bist du sicher?«

»Punkt zehn Uhr fliegt alles in die Luft.«

Schnettke kalkulierte. Zweiundzwanzig Uhr. Um ein Uhr nachts öffnete in Tokio die Börse. Shanghai neunzig Minuten später, Frankfurt acht Uhr …

»Sie haben mir meinen Mantel geklaut«, schluchzte Bienchen.

»Hör zu, Ingeborg …«

»Du Lump!«

Aufgelegt.

Schnettke lehnte sich zurück. Das klang nicht gut, gar nicht gut. Heute Abend war zu früh. Schnettke hatte noch nichts von dem Geld investiert. Das war nämlich seine Konstruktion: Optionen. Derivate. Derivate auf Optionen. Der sichere Weg, sich zu ruinieren – es sei denn, man hatte die richtige Information. Eine Information, die kein anderer hatte. Zum Beispiel, wann ein milliardenteures Terminal in die Luft fliegt. Dann konnte man auf den Kurssturz von Unternehmen wetten, die den Flughafen bauten. Von Unternehmen, die ihn versicherten. Dann saß man am Roulette-Tisch und wusste nicht bloß, auf welche Zahl die Kugel in der nächsten Runde fiel. Man wusste es für die nächsten fünf, zehn, zwanzig Runden – und konnte mit minimalem Einsatz gigantische Gewinne machen. Doch jetzt kamen ihm Zweifel. Waren Bienchens zweiundachtzigtausend genug? Wenn er eine halbe Million aus dem EU-Gründerfonds abzweigte? Bis die Sache aufflog, war er in der Karibik. Ohne Ingeborg, verstand sich. Er klappte seinen Laptop auf. Loggte sich in sein Konto auf den Seychellen ein …

Breyer stürzte aus dem Büro, die Wangen rot, die Augen fiebernd vor Erregung. »Was halten Sie davon? Die Schnepfe von den Grünen redet und redet, nur negatives Zeug. Ich lächle, unterspielt, die Schnepfe schreit: ›Sie nehmen meine Argumente nicht ernst!‹ Darauf ich: ›Ich würde Ihre Argumente gerne ernst nehmen. Wenn Sie welche hätten!‹«

Schnettke schnippte anerkennend die Finger. »Das, Herr Minister, ist sehr, sehr gut.«

55

Jana erwachte mit einem Ruck. Ihr Fuß schmerzte. Ihr Mund war trocken. Die Uhr in der Abflughalle zeigte 15.10 Uhr. Wie lange hatte sie geschlafen? Irgendwann zwischen sechs und sieben Uhr morgens war sie am Flughafen Schönefeld angekommen. Dann hatte sie bis acht Uhr auf die Öffnung des Lastminute-Schalters gewartet. Der Verkäufer hatte ihren Fünfhunderter nicht akzeptieren wollen. Als sie weitere Scheine aus der Tasche gezogen hatte, war er misstrauisch geworden. Er hatte geprüft. Telefoniert. Erneut geprüft und mit Kollegen beraten. Schließlich hatte er aus Frankfurt die Erlaubnis erhalten, einen Schein anzunehmen. Jana hatte ihr Ticket und einen Euro Wechselgeld in Empfang genommen, hatte eingecheckt, war zu einem freien Sitz in der Abflughalle gehumpelt und sofort eingeschlafen.

Sie blickte sich um. Rucksacktouristen lehnten an ihren Rucksäcken, Kinder schliefen, spielten an ihren Handys, zogen Kaugummifäden aus dem Mund. Die Eltern blickten auf ihre Uhren, die Anzeigetafeln oder ins Leere. Auf dem Vorfeld, weichgezeichnet vom herabfallenden Schnee, stand eine Easyjet-Maschine.

Heute Morgen hatte sie sich gewundert, warum im Flughafen so wenig Betrieb war. Auf der Anzeige sah sie den Grund: Die meisten Flüge waren wegen des Wetters gestrichen. Ihrer hatte bloß hundertzwanzig Minuten Verspätung. Nicht schlimm, in Barcelona hatte sie ohnehin fünf Stunden Aufenthalt. Dann Bogotá. Dann Lima. Auf der Toilette hatte sie ihre Geldscheine gezählt – elf Fünfhunderter, fünfeinhalbtausend Euro. Vor den Hangars hatte sie achteinhalbtausend eingesammelt. Ein Fünfhunderter im Kindercafé, einer für Ahmad, einer im Army-Shop … Da blieb eine Lücke, ein, zwei Scheine hatte sie wohl verloren, bei der Schlägerei auf dem Bahnsteig oder ihrer Flucht vom Dach. Auf ihrem Sparkonto hatte sie knapp dreitausend Euro. Die konnte sie in Lima abheben – hoffentlich. Achteinhalbtausend Euro, weniger als die zehntausend, mit denen sie kalkuliert hatte. Vermutlich würde es reichen. Das Tor zur Freiheit stand offen. Doch sie fühlte keine Euphorie, keine Zuversicht. Nur Schmerz im Fuß und Leere.

In der Sitzreihe am Fenster saß ein Mädchen von etwa zehn Jahren und starrte sie an. Jana versuchte, den Blick zu ignorieren. Je länger das Mädchen starrte, desto weniger gelang es ihr. Sie drehte ruckartig den Kopf, das Mädchen starrte hoch zum Monitor. Da war nichts, außer Sportmeldungen (Doping-Skandal) und Wetter (mehr Schnee). Jana konnte sich in eine andere Sitzreihe setzen. Aber das hätte nach Scheitern ausgesehen, und gescheitert war sie in den letzten vierundzwanzig Stunden genug. Das Mädchen starrte schon wieder. Jana hob den Kopf – jetzt sah sie es auch.

Polizeianwärter vor U-Bahn attackiert!

Von dem Text darunter las sie gerade noch *»Boddinstraße … Steven (19) geistesgegenwärtig Handy sichergestellt …«* Dann zeigte der Monitor das Foto einer Überwachungskamera: Jana aus dem U-Bahn-Waggon flüchtend, die Faust erhoben. In ihrem Militäroutfit sah sie aus wie eine Guerilla-Kämpferin. Das Mädchen schaute ihr gerade in die Augen. Zog das Kinn hinunter und streckte die Zunge raus.

Hundertzwanzig Minuten waren plötzlich viel Zeit. Wie viel wusste die Polizei von ihr? Wenn Steven (19) den Anruf ihrer Mutter angenommen hatte, wenn die ihnen Janas Namen genannt hatte … Vielleicht war sie schon zur Fahndung ausgeschrieben.

Jana nahm ihren Rucksack und ging zum Kaffee- und Snackstand. »Wie viel kostet ein Kaffee?«, fragte sie.

»Zwei sechzig«, sagte die Verkäuferin.

»Espresso?«

»Zwei sechzig.«

»Kakao?«

»Kommt alles aus derselben Maschine.«

Jana hatte noch einen Euro elf in Münzen. Sie holte einen Fünfhunderter heraus.

»Den lass mal stecken«, sagte die Frau.

»Ich hab sonst nichts.«

»Was brauchste denn?«

»Wenn Sie wüssten, was ich alles brauche.«

»Cappuccino? Für ’n Anfang?«

Jana nickte. Die Frau machte sich an der Maschine zu schaffen. »Nimm dir ’n Muffin, wenn du willst. Aber nur einen, sonst krieg ich Ärger.«

Es gab noch das Gute in der Welt. Jana hob den Glasdeckel von der Schale, nahm sich einen Muffin und biss hinein. Er war süß und klebrig, genau das, was sie jetzt brauchte. Die Frau stellte ihr die Tasse hin.

»Sie sind sehr nett«, sagte Jana.

Die Frau zuckte die Schultern. Sie blickte Richtung Duty-Free-Bereich und beugte sich vor. »Jetzt trinkst du schnell einen Schluck. Dann gehst du durch die Tür hinter mir, wo draufsteht *Personal.*«

»Warum?«

»Du stellst keine Fragen, du stellst jetzt die Tasse ab. Dreh dich nicht um. Nicht umdrehen!«

Zu spät, Jana hatte die Polizisten schon gesehen. Sie standen mit dem Rücken zu ihr, kontrollierten die Papiere einer Reisegruppe. Jana stellte die Tasse ab und ging langsam, den Kopf gesenkt, auf die Tür zu.

56

Sie fuhren auf der Waltersdorfer Chaussee Richtung Flughafen. Pankelow verschaltete sich, die Reifen drehten auf der Schneedecke durch. »Ich habe bei der Sache ein gutes Gefühl.«

»Wann kommen die Leute?«, fragte Sam.

»Die Ersten gegen sieben. Um acht fangen wir an.«

»Wir sind zu früh.«

»Falsche Einstellung. Kennst du die Anekdote von Marlene Dietrich? Die Dietrich hatte einen Auftritt. Große Bühne, Weltstar. Eine halbe Stunde vor Beginn kommt der Inspizient auf die Bühne und sieht die Dietrich mit einem Feger. ›Aber Frau Dietrich, für so was haben wir Leute.‹ Sagt die Dietrich: ›Sie haben Leute. Aber ich fliege auf die Fresse, wenn die Treppe nicht richtig gefegt ist.‹«

Seit heute Morgen war Pankelow am Organisieren. Lud Gäste ein, hakte Listen ab, strich Namen durch, stauchte einen Lieferanten zusammen, weil der im Februar keinen Beelitzer Spargel liefern konnte …

»Wie viele kommen?«, fragte Sam.

»Mindestens dreißig.«

»So viele?«

»Die Zahl macht mir keine Sorgen. Eher der Frauenanteil. Mehr wäre besser, für die Stimmung. Außerdem essen die nicht so viel. Aber die PR-Frau von Cenotras dreht irgendein schräges Ding in Kasachstan, Prokuristin von Siemens ist bei ihrem kranken Sohn in Pforzheim …«

»Was ist mit der Finanzchefin von Pankotron?«

»Ist als Frau nicht vermittelbar.« Pankelow holte sein Telefon aus der Tasche, während er beschleunigte. Wählte, horchte, steckte es wieder ein. »Ich begreifs nicht. Seit gestern Abend versuche ich, Bienchen zu erreichen.«

»Sie soll auch kommen?«

»Selbstverständlich. Bienchen ist die gute Seele.«

Sam schwieg. Er hatte Pankelow nichts gesagt, jetzt war es zu spät. Und wennschon. Sollte Bienchen ruhig kommen. Das war sogar gut – er würde eine Gelegenheit finden, sie allein zu stellen.

»Was ist eigentlich mit Jana?«, fragte Pankelow. »Die wäre für die Stimmung nicht schlecht. Wenn man der was Schickes anzieht und was mit den Haaren macht …«

Sie fuhren am alten Flughafen Schönefeld vorbei. Im Zwielicht des späten Nachmittags wirkte er noch trostloser als sonst. Die Schneeflocken wurden grau, bevor sie auf den verwitterten Beton fielen. Eines der letzten Relikte der untergegangenen DDR, Tempel einer Religion, an die niemand mehr glaubte.

»Ich habe heute Morgen versucht, Sie anzurufen«, sagte Sam. »Ich hatte ein paar technische Fragen, aber Ihr Telefon war ausgeschaltet.«

»Ich brauchte ein paar Stunden für mich.«

»Wo waren Sie?«

»Bisschen rumgefahren.«

»Es war wegen der Präsentation. Ich will zeigen, dass die Intelligenz des Terminals, wenn wir sie vor Odebrecht retten …«

»Ich vertraue dir.«

Keine Fragen, keine Anregungen. Er zeigte an Sams Präsentation nicht das geringste Interesse.

Der Wagen fuhr in die Hugo-Eckener-Allee, vorbei am Businesspark und einigen Baukränen. Pankelow bremste vor einer heruntergelassenen Schranke. Stieg aus, ein Pförtner kam aus seinem Häuschen. Eine Szene, die Sam schon mehrmals erlebt hatte und ihn jedes Mal an das Weihnachten seiner Kindheit erinnerte. Der Pförtner streng, Pankelow redet, deutet aufs Terminal. Der Pförtner schüttelt den Kopf. Pankelow redet schmeichelnd, als sage er ein Gedicht auf. Wieder Kopfschütteln, obwohl der Pförtner zu den Eingeweihten gehört und alles besprochen ist. Pankelow greift in seine Tasche, holt einen Umschlag heraus. Gibt ihn dem Pförtner, der schaut hinein – welche Veränderung in seinem Gesicht! Er strahlt, schüttelt Pankelow die Hand, Bürgermeister der Herzen, einen Moment sieht es aus, als wolle der Mann ein Selfie machen.

Pankelow stieg in den Wagen, die Schranke fuhr hoch.

»Mich erschüttert regelmäßig, wie billig diese Leute zu kaufen sind. Der Mindestlohn bestimmt das Bewusstsein. Trotzdem, falls ich noch mal in die Politik gehe …«

Sie fuhren auf das Terminal zu. Schwerelos, entrückt von Zeit und Raum, lag es hinter Schneeschleiern.

Pankelows Telefon klingelte. »Bienchen? Wo bist du? Wir machen uns Sorgen! Aha … Na so was …« Pankelow runzelte die Stirn. »Der gute Mantel … Nicht zu fassen … Großartig. Du weißt, wie du uns fehlst.«

Er hängte ein.

»Seltsam«, sagte er. »Sie klang verwirrt. Dass jemand ihren Mantel in den Dreck geworfen hat. Dass sie das Lokal verklagt, Auge um Auge, Zahn um Zahn. So kenne ich sie nicht.«

»Menschen sind nicht immer, wofür wir sie halten.«

»Bienchen hat viel gelitten. Manchmal denke ich, ich bin der Sohn, den sie gern gehabt hätte.«

»Oder der Mann.«

»Wollen mal nicht übertreiben.« Pankelow umrundete den Willy-Brandt-Platz. »Wusstest du, dass ich den Flughafen nach Marlene Dietrich benennen wollte? Eine meiner politischen Niederlagen. Heute würde ich die Sache taktisch anders aufziehen. Ich würde einen Keil in die Opposition treiben, dann – «

»Woher haben Sie eigentlich den Wagen?«, fragte Sam.

»Wie?«

»Diesen Rometsch? Woher haben Sie ihn?«

Pankelows Gesicht war immer noch geschwollen. Im Halbdunkel war nicht leicht zu sehen, ob es sich verspannte.

»Wieso fragst du das? Hat dir die Mumie Geschichten erzählt? Ich kenne die Gerüchte. Kenne sie seit Jahren. Nichts als Bosheit und Verleumdung! Meine Mutter kam aus kleinen Verhältnissen. Hat bei wohlhabenden Leuten geputzt. Einen Chefarzt hat sie gepflegt bis zu seinem Tod.

Aus Dankbarkeit hat er ihr den Rometsch vermacht. Sie hatte keinen Führerschein, deshalb hat sie ihn bis zu ihrem Tod nicht gefahren. Noch Fragen?«

Sam schwieg.

»Hast du Fragen?«

»Nein!«

Pankelow hielt auf dem Vorplatz und schaltete den Motor aus. »Was diese Leute Wahrheit nennen – nichts als Gift und Niedertracht. Keiner von denen hat erreicht, was ich erreicht habe. Keiner hat für Berlin so viel getan, wie ich getan habe.« Er zog den Schlüssel ab und löste den Gurt. »Und eines sage ich dir – mit diesen Leuten bin ich noch lange nicht fertig!«

57

Jana stand unter dem Vordach und schaute aufs Rollfeld. Der Schnee wurde dichter. Am dunkelnden Horizont war das neue Terminal kaum mehr als ein verwischter Schatten. Ein Lied ging ihr durch den Kopf, sie wusste nicht mehr, wo sie es gehört hatte: »Wenn es dunkel wird, musst du zu Hause sein …« Sie hatte kein Zuhause mehr. Sie hatte ihren Rucksack auf dem Rücken und die Taschen voller Geldscheine – sonst nichts.

Hinter ihr wurde die Tür aufgestoßen. Die Verkäuferin, mit Pudelmütze und Lammfelljacke über ihrer Verkäuferinnenuniform, kam heraus. Sie holte eine Packung Zigaretten aus der Tasche und bot Jana eine an. Die schüttelte den Kopf.

»Fünfzehn Minuten Pause«, sagte die Frau und zündete

sich eine Zigarette an. »Reicht für zwei Luschen.« Sie inhalierte den Rauch, es schien ihr zu schmecken. Genussraucher, dachte Jana; gabs selten.

»Was hast denn ausgefressen?«

»Nichts.«

»Die suchen dich nicht ohne Grund.«

»Fahrkartenkontrolle. Gab ein Missverständnis.«

»Polizeianwärter niedergeschlagen? Wegen 'ner Fahrkarte?«

»Die standen im Weg.«

»Bild dir nichts drauf ein. Bei der Polizei nehmen sie jeden. Wieso humpelst du?«

»Bin von einer Feuerleiter gefallen.«

Die Verkäuferin runzelte die Stirn.

»Mein Leben … ist kompliziert.«

»Brauchst du eine Schmerztablette?«

»Haben Sie?«

»Nimm erst mal das.« Sie hielt Jana ein Papiertütchen hin: zwei Muffins.

»Warum sind Sie so nett?«, fragte Jana.

»Irgendwas muss ich mit meiner Pause anfangen.«

»Sind die Polizisten noch da?«

»Die denken, du bist abgehauen. Aber dein Name ist im System.«

Jana aß. Die Frau zog an ihrer Zigarette und blies den Rauch aus. Das Bild erinnerte Jana an ihre Mutter – sie hatte geraucht, abends nach der Arbeit. Das war der einzige Genuss gewesen, den sie sich gegönnt hatte: eine Zigarette in dem kleinen Garten, in den kaum Licht fiel wegen des Schattens von den Nachbarhäusern.

»Ich bin Birgit.«

»Jana.«

»Zu Hause abgehauen?«

»Aus dem Internat. Sollte dieses Jahr Abitur machen.«

»Warum machst du's nicht?«

»Weil – egal. Ist sowieso alles falsch.«

»Was?«

»Falsch! Alles ist falsch!« Tränen schossen Jana in die Augen. »Was ich will … Was ich bin … Alles falsch …« Schwäche überrollte sie wie eine Flut. Birgit nahm sie in den Arm, ihr Gesicht lag im Lammfell von Birgits Jacke, sie roch Kaffee und Zigarettenrauch. »Ich wollte Rallye fahren …«, schluchzte sie, »auf einem Motorrad … Will ich schon, seit ich ein kleines Mädchen war … Mein Großvater wollte das, mein Vater … Das kann man sich doch nicht aussuchen …«

»Nein, das kann man nicht.«

»Meine Lehrer … meine Mitschüler … alle waren gegen mich! Wir haben im Unterricht über unsere Träume geredet, was wir nach der Schule machen wollen. Unser Ethiklehrer fand meinen Traum *schwierig!* Yannick, mit dem ich zusammen war, so halb … Liest einen Artikel vor, Projekt mit peruanischen Kleinbauern … Das sollte ich machen, was Soziales, dann würde er mich noch viel mehr lieben … Ich will aber nichts Soziales machen! Ich will die Rallye fahren!« Das Reden tat gut, Birgits Wärme tat gut. »In der Nacht bin ich abgehauen. Das Internat oder mein Traum, ich dachte, da gehe ich kaputt.«

»Die richtige Entscheidung.«

»Nein! Wars nicht!« Sie zog das Knäuel Fünfhunderter aus der Tasche. »Ich kann nach Peru fliegen. Die Rallye vorbereiten. Ich habs geschafft! Aber ich fühle nichts! Gar nichts!«

»Steck dein Geld wieder ein.«

»Weil mein Traum falsch ist!«

»Hier hängen überall Kameras.« Birgit stopfte die Scheine in Janas Tasche und knöpfte sie zu. Sie schaute auf die Armbanduhr. »Ich muss zurück.«

»Komme ich von hier irgendwie weg?«

»Sieh der Sache ins Gesicht: Früher oder später schnappen sie dich. Du hattest eine Kabbelei mit einem Polizeianwärter …«

»Mit zweien.«

»Umso besser. Zwei auf eine, Männer gegen Frau. Wenn die Polizei dich hier erwischt hätte, wärs eine Festnahme gewesen. Aber wenn du dich selbst stellst … Wenn du sagst, dass es dir leidtut …«

»Ich hatte keinen Fahrschein. Ich hatte Angst, dass …«

»Angst, traumatisches Erlebnis in der Kindheit, denk dir was Nettes aus.«

Birgit sog ein letztes Mal an ihrer Zigarette und warf sie in den Schnee. »Ich schau mal, wo die Kerle sind. Dann sage ich, da ist ein aufgelöstes Mädchen. Hab dich durch Zufall gefunden, Nervenzusammenbruch, macht sich im Protokoll immer gut. Was die Scheine angeht – entweder du kannst sehr gut erklären, woher du sie hast. Oder du zerkaust sie und schluckst sie runter.«

»Fünfeinhalbtausend Euro?«

»Nehmen sie dir sowieso ab. Und drück dir ein paar Tränchen raus. Polizisten sind auch nur Menschen.«

Jana nickte. Gefängnis. Warme Zelle. Etwas zu essen. Ein Arzt, der sich um ihren Fuß kümmerte. Augen zu, einfach ein paar Stunden alles vergessen.

»Falls wir uns nicht mehr sehen«, sagte Birgit, »alles Gute.«

»Danke, Birgit. Für alles.«

Sie umarmten sich. Wieder Janas Nase im Kragen, wieder der Geruch von Kaffee und Zigaretten, sie hätte ewig so stehen bleiben können.

»Keine Angst, Mädchen. Leute wie dein Lehrer und dieser Yannick kriegen deinen Traum nicht kaputt.« Ein letzter Blick, ein letztes aufmunterndes Lächeln … Hinter

Birgit fiel die Tür zu. Im Schneematsch lag der kalte Zigarettenstummel.

Jana trat aus dem Schutz des Vordachs, hielt ihr Gesicht in die Kälte. Drüben auf dem Dach des Terminals – hatte sie da eben eine Bewegung gesehen? Ein oranges Flackern? Schneeflocken fielen auf ihre Wangen und schmolzen, wahrscheinlich konnte man sie für Tränen halten. Aber die Geldscheine? Sie hielt sie sich vor den Mund. Elf Fünfhunderter, sie konnte da nicht einfach reinbeißen. Aber welche Geschichte konnte sie über die Scheine erzählen, die halbwegs legal klang?

Wieder sah sie auf dem Dach des Terminals das Licht. Es hob sich, senkte sich. Da war sogar eine Gestalt. Nein, sie täuschte sich. Das Abendlicht war zu schwach, der Schnee zu dicht, um klar zu sehen. Keine Spur von den Polizisten. Wahrscheinlich musste Birgit sie erst suchen.

Jana ging weiter aufs Rollfeld. Sie holte den zweiten Muffin aus der Tüte und biss hinein. Der Fuß schmerzte, aber nicht mehr so stark. Da war wieder das Licht, ganz sicher. Und da war eine Gestalt auf dem Dach. Sie ging weiter, vorbei an der Easyjet-Maschine. Ihr war, als ob ihr Körper seine Schwerkraft, die Luft ihre Kälte verlor. Eine Windbö trieb Schneewehen über die Landebahn.

58

Breyer saß im Fond seines Dienstwagens. Achtzehn Uhr zehn, er war viel zu früh. Bei diesem Wetter allerdings und den vielen Baustellen konnte man nie wissen. Und Schnettke hatte einen Friseurtermin in der Maske des Fernsehstudios organisiert; ein bisschen pfiffiger, hatte er gesagt, dürfe es für Hanna Wunsch schon sein. Was wäre er ohne Schnettke, diesen hässlichen, treuen Hund. Breyer hätte ihn heute Abend gern dabeigehabt, aber Schnettke wollte sich den Auftritt im Fernsehen ansehen; die Wirkung auf die Menschen vor den Bildschirmen war schließlich, worauf es ankam. Vor zehn Minuten hatte Breyer mit seiner Frau telefoniert. Sie hatte gesagt, dass sie ihn liebt. Er hatte gesagt, dass er sie liebt. Die Kinder durften heute Abend länger aufbleiben.

Eine weiße Decke lag über Straßen und Wegen, warf das Licht zurück und ließ die Stadt fast heimelig wirken. Das Thema der Talkshow hieß: »Deutschland am Abgrund: Reißt uns die Unfähigkeit der Politik in die Katastrophe?« *Framing* hieß das und war in den Medien große Mode – dagegen half nur die Stimme der Vernunft. Breyer faltete einen Zettel mit Stichpunkten auseinander:

Nicht belehrend wirken!

Nicht auf Provokationen hereinfallen!

Nicht von der Mosel-Saar-Trasse reden!

Der letzte Punkt war der schwierigste. Hanna Wunsch war berüchtigt für ihre subtilen Provokationen. »Sie, Herr Minister, haben damals den Mosel-Saar-Damm …« Wenn er sie dann kleingeistig korrigierte, hatte er schon verloren. Wenn er allerdings locker etwas zurückwarf wie: »Frau

Wunsch, ich werde Sie nicht mit dem Unterschied zwischen Damm und Trasse langweilen. Lassen Sie mich stattdessen …« Dann hatte er sie elegant entwaffnet. Zu dumm nur, dass er sich heute Abend nicht auf der Höhe fühlte. Ihn fröstelte, leichtes Fieber schien sich anzukündigen. Er hatte in letzter Zeit zu viel gearbeitet.

Das Fernsehstudio lag im Technologiepark Adlershof, im Südosten Berlins. Breyer kannte den Ort, vor ein paar Wochen hatte er dort eine Rede vor Jungunternehmern gehalten. Auf dem Weg allerdings fuhren sie durch Stadtteile, in denen er, als Minister für Zukunftsthemen, noch nie einen Termin gehabt hatte. Orientalische Imbisse und Möbelgeschäfte reihten sich aneinander. Araber und Afrikaner standen an Bushaltestellen, die Schultern hochgezogen, mit verfrorenen Gesichtern. Vorn neben dem Fahrer saß Rainer, sein Personenschützer. Schaute nach links, nach rechts, so verlangte es die Vorschrift. Aber was konnte er im Ernstfall tun? Personenschutz auf der Gefährdungsstufe 3, die für Breyer galt, war zum großen Teil Scharade.

Schnettke hatte ihm, er war schon im Mantel gewesen, ein Geständnis gemacht: dass er Berliner sei, geboren und aufgewachsen in der Stadt. Es hatte Breyer überrascht und verwirrt. Wie viele echte Berliner hatte er seit seinem Amtsantritt kennengelernt? Seine Putzfrau? Bulgarin. Sein Fahrer? Hesse. Sein Personenschützer? Aus Sachsen-Anhalt. »Es gibt echte Berliner«, hatte ihm ein Kabinettskollege aus der Pfalz erklärt. »Aber in unseren Kreisen kriegen wir sie kaum zu Gesicht.« Eine Frage der Einstellung, hatte Breyer gedacht. Wie damals als Student, seine Rucksackreise durch Thailand und Kambodscha. Wer wirklich Kontakt zu Einheimischen suchte, fand ihn auch.

Sie hielten an einer Ampel. Auf einem kleinen Platz, neben einem U-Bahn-Eingang, leuchteten die Lichter eines

Döner-Imbisses. Eine Idee stieg in ihm auf, so abwegig, sie konnte nur gut sein. »Ich will aussteigen.«

»Hier?«, fragte Rainer. »Unmöglich.«

»Eine Kleinigkeit essen.«

»Herr Minister – «

»Es ist möglich, weil ich es sage.« Schon hatte Breyer die Tür geöffnet, seinen Mantel vom Nebensitz gerissen und stand auf dem Bürgersteig, zwischen fallenden Schneeflocken und arabischer Musik aus einem Nagelstudio. »Bleiben Sie sitzen, ich bin gleich wieder da.«

Er zog seinen Mantel an und ging, Hände in den Taschen, gegen den Schnee gebeugt wie dieser Schauspieler, dessen Name ihm nicht einfiel, auf den Imbiss zu. »Einen Döner Kebab, bitte.« Mehrere Menschen standen am Stand, aßen Döner und tranken aus Dosen. Breyer hatte einen Bekanntheitswert von achtundvierzig Prozent. An diesem Imbiss wohl etwas weniger. Trotzdem, jemand würde ihn erkennen. Er fiel auf, in seinem Mantel, zwischen den Anoraks und Bomberjacken. Seine Idee: Ein Foto, das viral ging: »*OMG*, der Minister am Dönerstand …« Während er bei Hanna Wunsch saß und die Grünen-Tussi mit Sachargumenten zur Schnecke machte, würde sich das Foto zehntausend-, hunderttausendfach bei den Menschen vor den Bildschirmen verbreiten.

»Alles rauf?«, fragte der Verkäufer.

»Alles rauf. Nein! Keine Zwiebeln! Ich habe gleich – « Einen Auftritt bei Hanna Wunsch, hätte er fast gesagt. Ging natürlich nicht.

»Soße?«

»Ja, bitte.«

»Kräuter, scharf, Knoblauch?«

»Scharf. Nein! Nicht die rote!« Foto viral, Minister von der CDU mit roter Soße, da musste man aufpassen. »Die weiße, bitte.«

»Also Knoblauch?«

»Kräuter.«

Hinter ihm hatte sich eine kleine Schlange gebildet. Offenbar gab es beim Dönerkauf mehr zu beachten, als er vermutet hatte.

»Drei Euro fünfzig«, sagte der Verkäufer.

Breyer knöpfte seinen Mantel auf, suchte in der Sakkotasche, holte einen Fünf-Euro-Schein aus dem Portemonnaie. »Stimmt so. Ach so, und eine Cola.«

»Eins fünfzig.«

»Dann kommts ja hin.«

Er glaubte, ein Zucken im Mundwinkel des Verkäufers zu sehen, aber er konnte sich täuschen. Er bekam seinen Döner in Alufolie und Serviette, dazu eine Dose Cola. Er rückte von der Glasscheibe weg, biss hinein. Fett und Soße liefen ihm über den Handrücken. Der Döner war heiß und würzig – genau was sein angeschlagener Körper jetzt brauchte. Praktisch allerdings war er nicht. Unklar war auch, wie er die Coladose öffnen sollte, ohne ihn aus der Hand zu legen. Wie machten das die anderen? Alle hatten Döner in der Hand und offene Dosen auf der Theke.

Zwei Mädchen hielten Telefone in der Hand, schauten herüber. Aha, jetzt gings los. Sie trauten sich nicht, ihn anzusprechen. Aber erkannt hatten sie ihn, ganz sicher. Er hätte den Mantel wegen der Kälte gern wieder zugeknöpft, aber zugeknöpft wollte er auf dem Foto nicht wirken. Ärgerlich, jetzt kleckerte Soße auf seinen Anzug. Er stellte sich etwas schräg, sodass man es auf dem Foto nicht sah. Musste Rainer ihn vorm Einsteigen sauber wischen.

Die Mädchen knüllten Alufolie und Serviette zusammen, warfen sie in den Papierkorb, nahmen ihre Coladosen und gingen. Cola danach trinken, das war die einfache Lösung. Bloß fotografiert hatten sie ihn nicht. An der Fensterscheibe ging es zack, zack, mit Knoblauch, ohne Tomaten, zweimal zum Mitnehmen, die Berliner entwickelten beim Dönerkauf eine verblüffende Effizienz.

Zwei Männer neben ihm redeten in einer dieser Balkansprachen. Jetzt stritten sie. Einer hob seine Bierflasche, der andere ging hinter Breyer in Deckung, hey, hey! *»Minister bei Dönerkauf in Schlägerei verwickelt«*, die Schlagzeile fehlte noch. Kurze Rangelei, Dönersoße tropfte auf Breyers Hand.

»Sie haben Fleck auf Anzug!« Der Jüngere, Schmächtigere der Männer zog Servietten aus dem Spender, wischte Breyer den Mantel und das Revers ab. »Kollege verrückt!«

»Ist ja noch mal gut gegangen.«

»Hier noch Fleck.«

»Kein Problem.«

»Danke, Kollege! Schönen Abend!« Er lief dem anderen Mann nach. Da vertrugen sie sich schon wieder. Balkanmentalität, dachte Breyer; die Wogen schlugen hoch und beruhigten sich schnell.

Breyer biss in seinen Döner. Er war seltsam euphorisiert. Alles fühlte sich leicht an. Sein Sakko, seine Hosentasche, die Innenseite seines … Moment mal. Er griff an seine Brust, in den Mantel: Das Portemonnaie fehlte. Sein Telefon. Das durfte nicht wahr sein! Er ließ den Döner auf die Theke fallen, die Coladose stehen, lief den Männern nach. Da vorn gingen sie. »Stehen bleiben! Sie da! Bleiben Sie stehen!« Nein, das waren sie nicht. Menschen drehten sich nach ihm um, hoffentlich fotografierte ihn keiner, jetzt nicht fotografieren! Stechen in der Bauchhöhle, Atemnot, vor Monaten zuletzt gejoggt …

Keuchend blieb er stehen. Er hatte keine Ahnung, wo er sich befand. Auf der anderen Straßenseite ein Kinderspielplatz, verwahrloste Schaukeln und Graffiti. »Frau Wunsch, lassen Sie mich deutlich sagen: Wir haben in Berlin ein Problem mit innerer Sicherheit.« Die Armbanduhr hatten sie ihm nicht geklaut, ein Glück, die war teuer. Im Portemonnaie waren achtzig, höchstens neunzig Euro gewesen. Karten und Telefon konnte er sperren lassen, alles keine Werte, alles ersetzbar. Aber wo war er? Wo war sein Wagen? Gefährdungsstufe 3, warum passte niemand auf ihn auf?

Er knöpfte seinen Mantel zu. Ihm war kalt, Schweiß stand auf seiner Stirn. Der Schnee wurde dichter, er musste seinen Weg zurück zum Dönerstand finden. Was für eine Geschichte, er war nicht sicher, wie er die Rainer erzählen sollte. Da vorn sah er Lichter.

59

Jana stand an der Nordpier, unter einer Fluggastbrücke. Auf dem Weg war sie an einer Betankungsanlage vorbeigekommen, einsam im Schnee, wie Vorposten einer neuen, höheren Zivilisation. Wenn sie jetzt den Arm ausstreckte, konnte sie die Glasfront des Terminals berühren. Doch sie ließ die Hand in der Jackentasche; es wäre zu viel Nähe, fast eine Entweihung gewesen. Sie schaute durch die Glasscheibe: Sitze, überzogen mit Plastikfolie, ein Counter fürs Boarding, eine Treppe, die nach oben führte. Alles unbefleckt und edel. Eines Tages sollten hier Menschen sitzen. Doch im schwachen Licht der Lounge schien dieser Tag gleichzeitig nahe und unendlich fern. Zu Janas Füßen lagen tote Vögel. Gebrochene Hälse, abgeknickte Flügel, zerschmetterte Schädel. Ein paar Schritte entfernt geronnenes Blut unter einem Flachbild-Monitor mit heraushängenden Kabeln.

Sie sah noch etwas: Frische Fußtritte im Schneematsch. Jana folgte ihnen die Glasfassade entlang bis zur nächsten Fluggastbrücke, vorbei an weiteren toten Vögeln. Die Spur führte um die Pier herum und endete an einer Feuerleiter. Was sollte sie tun? Umkehren zum alten Terminal? Wo die Polizei wartete, um ihr das Geld abzunehmen? Sie hatte auf dem Dach ein Flackern gesehen.

Sie zog die Jackenärmel über ihre Hände und begann zu klettern. Sprosse für Sprosse. Ihr Fuß schmerzte, die Kälte des Stahls drang durch die Ärmel. Kabel hingen aus der Mauer, sie spürte das Gewicht ihres Rucksacks. Je höher sie kam, desto stärker wurde der Wind. Sie ließ die Fluggastbrücke unter sich, dann die Besucherterrasse. Weiter kletterte sie, erreichte die letzte Sprosse. Sie stemmte sich hoch und stand auf dem Dach.

Der Wind war eisig. Entrauchungstürme ragten aus dem Dach wie Schornsteine eines Ozeandampfers. In der Ferne sah sie den Businesspark, ein Hotel, Parkhäuser, alle dunkel und ohne Leben. Weiter vorn die Lichter des alten Terminals und, kaum wahrnehmbar, den Schatten der Easyjet-Maschine.

Zwischen den Schornsteinen ging eine Gestalt, dürr und gebeugt, in einem langen, schwarzen Mantel. Sie trug einen Sack auf dem Rücken. Setzte den Sack ab, neben weiteren Säcken und einem Eimer. Sie stand mit dem Rücken zu Jana, das Gesicht war nicht zu erkennen. Mit einer Schaufel schippte die Gestalt Schnee in den Eimer. Drückte ihn fest, schippte erneut. Schaltete eine Stirnlampe ein, Jana sah knochige Schläfen und wächserne Haut. Die Gestalt wuchtete sich den Sack auf den Rücken, griff den Henkel des Eimers und stieg in einen Entrauchungsschornstein.

Jana schlich heran. Schaute in den Schornstein. Der Schein der Lampe wurde schwächer, hallende Schritte entfernten sich. Ihr Herz pochte. Letzte Chance zur Umkehr.

Sie konnte zurückkehren zum alten Terminal, sie musste das hier nicht tun! »*Manchmal muss man in den See springen …*« Ihre Füße fanden Halt auf einer Strickleiter. Sie stieg in die Dunkelheit des Schornsteins.

60

Die VIP-Lounge war in warmen und hellen Naturtönen gehalten. Niedrige, mit cremefarbenem Stoff bezogene Sessel standen auf hochflorigen Teppichen. Lampen unter Messingschirmen verbreiteten behagliches Licht. Bodentiefe Fenster öffneten den Blick auf das Vorfeld, den Schnee und die Nacht.

»Bauen Sie alles an der Längsseite auf«, sagte Pankelow. »Mehr Licht auf die Champagnerkübel …«

Er hatte, nach viel Schreierei und Zerwürfnis, einen kleinen, aber exklusiven Catering-Service engagiert, zwei Franzosen, gegen die er wegen einer früheren Steuergeschichte etwas in der Hand hatte. Die Männer, schwul und verschwiegen, trugen Platten, Schalen, Terrinen in die Lounge: Jakobsmuscheln an Apfel und Cidre. Trüffelsuppe mit Foie gras. Langustinen auf Mandarine und Haselnuss. Ein Dekorateur – auch schwul, aber Ungar – kam mit Blumen- und Blattgestecken: Orchideen, Narzissen, Anemonen, Wasserlilien, dazu Moos und Palmenblätter. »Heute nur vom Feinsten!«, hatte Pankelow angeordnet. Es musste ein Abend werden, an den die Gäste noch lange denken sollten. Um den Frauenmangel zu kompensieren und weil man Servicepersonal nie genug haben konnte, hatte Pankelow die Afrikanerinnen kommen lassen. Er hatte, der

Himmel weiß, woher, Stewardessen-Uniformen von Air-Berlin aufgetrieben. Sie saßen an den Körpern wie maßgeschneidert.

»Eure Aufgabe wird sein«, sagte Pankelow, »die Gäste zu begrüßen und Tabletts mit Champagner zu reichen. Wenn jemand zudringlich wird, gebt ein Zeichen, dann greife ich ein. Herrgott, wieso blendet dahinten die Lampe?«

Sam saß abseits, die Hand auf seinem Notebook. In einer halben Stunde würden die ersten Gäste eintreffen. Würden ein Glas Champagner trinken, ein zweites und drittes, sich Muscheln und Langusten in die Münder stopfen und die Afrikanerinnen angeiern. Pankelow hatte angekündigt, nur ein paar einleitende Worte zu sagen, »bisschen Stimmung, Weltstadt Berlin, solche Sachen«. Danach sollten sich alle Blicke auf Sam richten. Dies war seine Chance, die Manager zu überzeugen. Dass sie nicht in einem Fluchhafen standen, sondern in der Geburtsstätte einer neuen Intelligenz, in einem Tempel jenseits aller Kategorien von Funktion, Nutzen, Effizienz. Heute Abend entschied sich nicht nur das Schicksal Sams, Pankelows, der Manager – sondern, dieses große Wort wollte er wählen, der Menschheit.

Pankelow stand am Fenster. Er holte einen Zettel aus seiner Hosentasche, bewegte die Lippen. Seltsam, dachte Sam. Eine kurze Einleitung, Begrüßung und lockere Sprüche, so was schüttelte er sonst aus dem Ärmel.

»Ich habe etwas vergessen, wie dumm von mir.« Er kam auf Sam zu, einen USB-Stick in der Hand. »Hier sind ein paar Fotos. Kannst du die während meiner Rede auf die Leinwand werfen?«

»Was für Fotos?«

»Nichts Großes. Kleine Diashow, für die Atmosphäre.« Er lächelte sein unbeschwertes Lächeln, aber nur eine Sekunde – dann wich er Sams Blick aus.

61

Breyer stand in der S-Bahn und hielt sich an der Stange fest. Den Platz mit dem Dönerstand hatte er wiedergefunden, aber nicht den Wagen. Vermutlich hatte der Chauffeur ihn in die Dunkelheit laufen sehen und war ihm gefolgt. Vielleicht hatten sie die Polizei alarmiert? Wahrscheinlich nicht – Rainer war ehrgeizig, den Zwischenfall würde man ihm ankreiden. Bei dem Wetter war es unmöglich gewesen, ein freies Taxi zu finden. Um eines zu rufen, hätte Breyer sein Telefon gebraucht. Kein großes Problem, alles lösbar. Breyer war nicht der Typ Politiker, der beim ersten Kontakt mit der Wirklichkeit in Ohnmacht fällt – anders als ein gewisser Kollege, der es sich in der Charité bequem machte. Über der Tür des Waggons hing ein Netzplan. Nächste Station Treptower Park, dort umsteigen in die grüne oder rote Linie, fünf Stationen bis Adlershof. Neunzehn Uhr, er hatte reichlich Zeit. Morgen würde er über diese verrückte Geschichte lachen.

Die S-Bahn schwankte und ruckelte. Niemand beachtete ihn, niemand fotografierte ihn. Aber wenn das schon passiert war? Vielleicht ging gerade ein Foto viral: »OMG, Minister am Dönerstand ausgeraubt.« Innere Sicherheit, das musste er zum zentralen Thema machen. Die Menschen hatten Angst, auf die Straße zu gehen. Sie trauten sich nicht mehr, bei Dunkelheit einen Döner zu essen! Wenn man diese Menschen ausgrenzte, sie in die rechte Ecke stellte, wie es die Kollegin von den Grünen vormachte – dann löste man das Problem nicht, sondern stärkte die Populisten am linken und rechten Rand!

»Guten Abend, entschuldigen Sie die Störung.« Das

Mädchen war blond, pausbäckig, trug einen Anorak mit aufgedruckten Katzen. »Ich bin die Jessy. Ich lebe seit zwei Monaten auf der Straße. Ich habe keine Arbeit, keine Ausbildung und keinen Schlafplatz. Ich verkaufe die *Motz*, damit ich nicht in die Prostitution abrutsche. Für eine Spende oder etwas Warmes zu essen –« Sie ging durch den Gang. Blieb hier und da stehen, hielt ihre Zeitung vor der Brust. Jetzt stand sie vor Breyer: »Spende … Schlafplatz …«

Er suchte in seinen Taschen. Oft fand er ein paar Münzen, manchmal sogar einen Schein. »Warten Sie. Irgendwo muss ich …«

»Die haben mir von Vodafone das Handy gesperrt.«

»Was? Das dürfen die nicht! Die EU-Transparenzrichtlinie bestimmt eindeutig …«

Das Mädchen blinzelte.

»Ich habe die Richtlinie selbst in meiner Zeit als …«

Das Mädchen hielt die Zeitung hoch.

Breyer verstummte. Zuckte verschämt die Schultern. »Tut mir leid. Ich hab nichts.«

Treptower Park, verärgert stieg er aus. Schlechter Auftritt, ganz schlechter Auftritt. Auf so eine Begegnung musste man in Berlin vorbereitet sein! Wenn ihn jemand heimlich gefilmt hatte? Die beiden Jungs in den *Alpha Industries*-Jacken, die auf der Bank saßen und frech herüberschauten, als hätten sie ihn erkannt? Frierend stand er auf dem Bahnsteig. *»Verkehrsminister: Anschluss gesucht«,* das Foto konnte er sich vorstellen. Er hatte nicht einmal einen Fahrschein. So konnte er nicht bei Hanna Wunsch auftauchen – nicht mit leeren Händen, nicht mit dieser Geschichte im Hintergrund. Er sah ihr ironisches Lächeln, ihren wippenden Pfennigabsatz und fühlte Schüttelfrost.

Die S-Bahn fuhr ein. Er sah das Zielschild. Er hatte eine Idee und fragte sich, warum er sie nicht von Anfang an gehabt hatte.

Die Strickleiter hatte in einem Schacht geendet. Nun folgte Jana der Gestalt durch niedrige Gänge, Abzweigungen, Stufen nach oben und unten. Die Wände waren feucht, Kondenswasser tropfte auf ihre Stirn. Die Luft war warm und stickig …

62

Der VW-Bus fuhr auf einer geraden, neu geteerten Straße durch die Dunkelheit. Dichter Schnee fiel. Gesine saß am Lenkrad, Zoë am Fenster. Zwischen ihnen saß Helge.

»Hast du die Simulation noch mal durchlaufen lassen?«, fragte Gesine.

»Vierundfünfzig Prozent«, sagte Helge.

»Du hast gesagt, wenn wir die Sprengkraft erhöhen –«

»Vierundfünfzig Prozent.«

»Wenn wir die Brandsätze unter den Stahlarmierungen –«

»Die Zerstörungswahrscheinlichkeit liegt bei vierundfünfzig Prozent.«

Gesine schlug mit der Faust aufs Lenkrad. »Wir hätten das Protokoll von deiner Schlampe gebraucht.«

»Es ist nicht meine Schlampe«, sagte Zoë.

»Wenn sie dir nicht aufs Dach entwischt wäre –«

»Du hast dich mit ihr geprügelt!«

»Weil du nicht –«

Gesine biss sich auf die Lippen. Unprofessionell, sich vor den anderen zu streiten. Wochenlang hatten sie trainiert, sich auf jedes Hindernis, jede Schwierigkeit vorbereitet. Roland hatte ihnen die Phosphorbomben gebaut.

Er war wissenschaftlicher Assistent bei der Bundesanstalt für Materialprüfung – einer der Stillen, Pflichtbewussten, die nie aus der Haut fuhren, immer höflich blieben, ihre Wut bis zum Abend in sich hineinfraßen. Er hätte heute Abend dabei sein sollen. Doch gestern hatte er sich auf dem Amok-Stepper den Meniskus gerissen; sechs Wochen Beinschiene. Für ihn war die bleiche Bea eingesprungen – allergisch, fiebernd, aber voller Hass.

»Alles okay?«, rief Gesine nach hinten.

»Alles schick!«, hörte sie von den Rückbänken.

Die größte Enttäuschung war Carola. Aromatherapeutin, pansexuell, als eine der Ersten hatte Gesine sie eingeweiht. Doch ausgerechnet Carola hatte vorhin abgesagt: »Du, heute Abend ist ganz schlecht, ich habe den Lavendel-Workshop, für den habe ich schon fünf Anmeldungen, eine will noch ihre Mutter mitbringen. Kann ich nicht absagen, total sorry, habt viel Spaß.« Für Carola hatte sie keinen besseren Ersatz gefunden als Eifel-Hardy. Sie hatte ihm den einfachsten Job gegeben: einen Brandsatz in die VIP-Lounge auf Ebene 3 werfen.

»Total geile Aktion«, sagte Hardy. »Alles plattmachen. Und letztlich, was brauchen wir? Phosphor, Salpetersäure, Nitroglycol, kosten ein paar Euro. Bolzenschneider aus dem Baumarkt, war im Angebot.«

»Ist gut, Hardy«, sagte Bea und hustete.

»Die Blendgranaten von den Russen sind jetzt, sage ich mal, vom Design nicht so toll. Aber hey, Hauptsache, hell.«

Alle hatten Schlagstöcke und Blendgranaten an ihren Gürteln. Außerdem, für den Notfall, Billig-Handys mit Prepaid-Karten, die sie nach dem Einsatz in den Mahlower See werfen würden. Gesine hatte in ihrer Jugend ein paar Hausbesetzungen und Anschläge auf Bahngleise organisiert. Egal, wie gut alles organisiert war, wie gründlich das Training – die besten Pläne konnten im Ernstfall scheitern, an Angst, Blackouts, Dingen, mit denen niemand rechnete.

»Helge, du weißt, was du zu tun hast?«, fragte Gesine.

Er nickte. Im Bus sollte er auf sie warten. Er hatte keinen Führerschein, aber sie hatte ihm genug beigebracht, damit er sie nach dem Einsatz zum Mahlower See brachte. Die Strecke waren sie bei Dunkelheit mehrmals abgefahren. An einer einsamen Stelle wollten sie die Reste ihrer Ausrüstung versenken. Es durfte nichts schiefgehen! Um zehn Uhr würde der Flughafen in einer Rauch- und Aschewolke versinken.

Jana hatte jedes Gefühl für Ort und Zeit verloren. Schweiß rann ihre Stirn, ihre Schläfen hinunter, sie konnte die feuchte, brütende Luft kaum atmen. Ihre Schritte hallten, vorn flackerte die Stirnlampe der gebeugten Gestalt. Sogar die Wände schienen zu schwitzen, Kondenswasser lief hinunter. Sie hielt an, wischte ihre Stirn. Vor ihr wurde der Lichtschein schwächer und schien sich zu vergrößern. Sie stolperte weiter. Der Gang weitete sich, ihre Schritte wurden leicht …

63

Dunkle Audi-, Mercedes-, BMW-Limousinen näherten sich dem Terminal auf der Hugo-Eckener-Allee. Die Schranke fuhr hoch, die Limousinen glitten auf das Terminal zu.

In seinem Büro auf Ebene 2 saß Wachmann Zeuthen und sah auf den Monitoren, wie Männer in dunklen Anzügen, auch einige Frauen aus den Wagen stiegen und durch die Glastür ins Terminal traten, als seien sie hier zu Haus. Was hatte das zu bedeuten? Wieso hatte man ihn nicht informiert? Etwas stimmte nicht. Sollte er sich den Herrschaften in den Weg stellen, nach einem Besucherschein fragen? Allerdings sahen sie wichtig aus. Was, wenn sie keinen Besucherschein hatten? Er hörte sie reden und lachen, auf der Rolltreppe näher kommen. Zeuthen trat aus seinem Büro. Er stellte sich stramm und fragte: »Haben Sie Vollmacht?«

Die Herrschaften strebten an ihm vorbei, als sei er nicht vorhanden. Fuhren auf der Rolltreppe weiter nach oben Richtung VIP-Lounge. Was durfte er in dieser Situation tun, ohne einen Fehler zu machen?

Der VW-Bus hielt an der Zufahrt im Südosten des Flughafengeländes. Um diese Zeit war das Wachhäuschen nur mit einem Pförtner besetzt, das hatten sie die letzten Tage beobachtet. Die Kämpfer sprangen heraus, stürmten das Häuschen, fesselten und knebelten den Mann. Bea fuhr die Schranke hoch.

»Sollen wir ihn als Geisel nehmen?«, rief Hardy.

»Was wollen wir mit einer Geisel?«, fragte Gesine.

»Kostet ja nichts.«

»Geiseln gehören nicht zum Plan!«

Schwachkopf, sie hätte ihn nie mitbringen dürfen. Die Kämpfer kletterten in den Wagen, schoben die Tür zu, Gesine fuhr an.

Zoë hielt Ausschau nach Blaulicht, Reifenspuren, Spuren von Polizei – nichts. Die Waffen hatten sie vor zwei Stunden aus dem Versteck im Sportstudio geholt. Hätte Jana sie verraten, die Polizei wäre dort gewesen. Also lief alles gut. Der Weg war frei, kein Grund für Bedenken, das nagende Gefühl von Angst in Zoës Brust. Vor ihnen schimmerte nebelhaft das Terminal.

Wachmann Zeuthen stand am Kopfende der Rolltreppe, als sie sich wieder in Bewegung setzte. Diesmal kam eine einzelne Frau hochgefahren – und die war nicht wie die Herrschaften, im Gegenteil. Verlebt sah sie aus, hielt sich mit einer Hand an der Rollleiste fest. Sie trug einen verfleckten, grünen Lodenmantel, an dem zwei Knöpfe fehlten. Strähnen ihrer Hochsteckfrisur hingen wirr ins Gesicht.

Zeuthen stellte sich ihr in den Weg. »Wo wollen Sie hin?«

»In die Lounge.« Die Frau rülpste.

»Haben Sie Vollmacht?«

Kleine, blassblaue Augen fixierten ihn über den Rand der Brille. Die Frau verströmte einen Geruch von Zigarettenrauch und Alkohol. »Junger Mann«, hauchte sie. »Als ich im Bezirksamt Treptow gearbeitet habe, hatten wir einen Wachmann, so einen kleinen, mickrigen wie Sie. Ständig hat er Fragen gestellt. Ständig wollte er Dinge wissen, die ihn nichts angingen. Wissen Sie, was aus ihm geworden ist?« Sie beugte sich vor, er hielt die Luft an. »Keiner weiß es. Eines Morgens war der kleine Wachmann einfach nicht mehr da.«

Jana sah die Gestalt am Ende des Ganges stehen. Neben ihr standen Paletten mit Mauerziegeln, Möbelsäcke, der Eimer. Die Gestalt richtete die Ziegel aufeinander, griff nach der Kelle, verfugte sie. Vor einer niedrigen, kaum schulterbreiten Öffnung hatte sie bereits eine hüfthohe Mauer gebaut. Hinter der Öffnung glimmte schwaches Licht, hin und wieder hörte Jana Knacken und Knistern. Jedes Mal, wenn die Gestalt einen neuen Ziegel auf die Mauer setzte, hielt sie den Kopf gesenkt, als fürchte sie, in das Licht zu sehen.

»Was machen Sie da?«, rief Jana.

Die Gestalt fuhr herum. Pergamenttrockene Haut, reptilienhafte Hände, Haare wie sengender Schwefel: Heribert

Odebrecht, der Flughafenchef. Die ausgedörrten Lippen bebten, als er sie sah.

»Warum mauern Sie das Loch zu?«

Sie machte einen Schritt nach vorn. Odebrecht stellte sich vor die Mauer, breitete die Arme aus. Rauch stieg aus dem Loch. Jana machte einen Satz nach vorn, schaute über die Mauer in die Tiefe.

Sie hatte so etwas noch nie gesehen.

64

Pankelow schlug mit einer Dessertgabel gegen sein Champagnerglas. Die Wirtschaftsführer beruhigten sich ungern. Viele waren noch mit Hummerschwänzen und Rehmedaillons beschäftigt, einige schon angeheitert. Die Priewitz-Söhne stierten die Afrikanerinnen an. Pankelow stieß ein zweites Mal ans Glas, Ruhe kehrte ein.

»Verehrte Damen, verehrte Herren«, sagte er. »Wir sind heute hier versammelt, weil … Nun, weil ich dachte, es ist schön, wenn wir uns alle mal wiedersehen.«

Vereinzeltes Gelächter.

»Im Ernst: Wir sind hier, um zu feiern. Uns ein bisschen auf die Schultern zu klopfen. Alle Anwesenden haben in den letzten Jahren Bedeutendes geleistet. Ohne sie wäre der Flughafen Berlin-Brandenburg nicht, was er heute ist.«

Betretenes Schweigen. Das konnte man so oder so verstehen. Pankelow hatte die Rede mit einem Fauxpas eröffnet. Aber nein – er lächelte verschmitzt, hatte den Effekt genau kalkuliert.

»Mir ist bewusst, dass die letzten Monate nicht einfach

waren. Der Flughafen wird nicht überall verstanden. Zweifel werden laut, ob er je eröffnen wird. Die öffentliche Meinung sucht Schuldige. Sie glaubt, sie unter denen zu finden, die seit Jahren, seit Jahrzehnten alles geben. Die bereit sind, noch mehr zu geben. Wenn man sie lässt!«

Nicken, zustimmendes Gemurmel.

»Wir alle haben, ich muss das nicht betonen, nie in erster Linie ans Geld gedacht. Immer erhob sich hinter dem Mittelgebirge des Gewinns das Hochgebirge des Gemeinwohls. Und in diesem Hochgebirge sind wir, heute höher denn je, unterwegs. Vor einigen Monaten glaubten einige politisch Verantwortliche – ich spreche die Namen nicht aus, sie sind zu unwichtig –, sie hätten endlich die Lösung gefunden: Ein neuer Flughafenchef! Einer mit Kompetenz! Der die Mängel beseitigt und den Flughafen eröffnet! Von einem Masterplan reden sie! Einem zweiten, dritten Terminal! Neue Parkhäuser, Verlängerung der Pier Nord, husch, husch, billig, billig! Da muss man sich fragen: Sind die Verantwortlichen wahnsinnig? Was können wir tun, um sie zu stoppen?«

Alle blickten ratlos und betroffen. Pankelow ging vor der nachtschwarzen Fensterfront hin und her wie vor einem geschlossenen Vorhang. Sein Glas hielt er in der Hand wie ein Mikrofon. Sam fragte sich, in welchem unbemerkten Moment er die Dessertgabel hatte verschwinden lassen.

»Auch für mich waren die letzten Wochen eine Zeit der Selbsterforschung. Sogar des Zweifels. Habe ich immer alles richtig gemacht? Die Zügel zu locker gehalten? Was kann ich tun, um meine geliebte Heimatstadt vor diesem entsetzlichen Irrtum zu schützen?«

Er schaute in die Runde. Glasige Augen. Champagnerprickeln in halb leeren Gläsern. Dies waren mehr als einleitende Worte, dachte Sam, Pankelow hat die Rede lange vorbereitet.

»Es reicht nicht, gut zu sein, wenn man besser sein kann. Es reicht nicht, groß zu denken, wenn allein der Gipfel zählt. Verehrte Damen und Herren, ich sage offen: Wer nicht alles gibt, der gibt zu wenig. Wir können Berlin mehr schenken. Wir können den Menschen mehr schenken. Deshalb stehen wir in der Pflicht. Aber was verlangt die Pflicht von uns? Was verlangt sie von mir? Ich war unruhig, zerrissen. Ziellos bin ich durch die Stadt gefahren, in ihr Umland, habe mich in Dörfern verloren. In meinem Kopf hörte ich junge Menschen fragen: Paco, wo warst du damals, als dieser entsetzliche Flughafen eröffnet wurde? Warum hast du es nicht verhindert? Ich fahre Richtung Süden, durch eine Heidelandschaft, in der ich vorher nie war. Ich weiß nicht, welche Macht mich hierhergeführt hat. Doch auf dem Höhepunkt meiner Verzweiflung öffnet sich ein Raum. Eine Weite. Ein Licht. Um dieses Licht zu sehen, diese Hoffnung zu spüren – deshalb, meine Damen und Herren, sind wir heute hier.«

Er gab Sam ein Zeichen, der startete die Diashow.

Eine Wiese.

Ein Wald.

Reh im Morgenlicht.

Ruine eines Hangars, eine Startbahn aus Betonplatten, überwuchert von Unkraut.

»Ich steige aus dem Wagen. Sofort spüre ich die Kraft. Die Möglichkeit. Sie wissen, die Entscheidung für den Standort Schönefeld ist lange vor meiner Zeit gefallen. Ich sehe die Reste einer alten, noch aus Sowjetzeiten stammenden Startbahn und weiß: Hier hätte der Flughafen entstehen müssen, von Anfang an.«

Sam bemerkte eine Bewegung an der Tür. Eine Frau mit wirrer Frisur und dreckigem Mantel drängte sich durch den Spalt. Ihre Blicke begegneten sich. Die Frau schlug ihre Hand vor den Mund und floh.

»Dieses Terminal hier? Kann man es eröffnen? Nur um den Preis, dass wir vor unseren Kindern, Kindeskindern, in den Geschichtsbüchern bis ans Ende aller Zeit als selbstsüchtige, kopflose, unfähige Trottel dastehen. Wir, meine Damen und Herren, können es besser. Wagen wir den Neubeginn! Lassen Sie uns den Flughafen in Sperenberg neu bauen!«

Hinter Breyer schloss sich die Glastür des Terminals. Er horchte in die Stille. Atmete kühle, gefilterte Luft. Unangemeldete Besichtigung. Kontrolle des Ist-Zustands. Das war der Trumpf, mit dem er seine Gegner aus dem Rennen werfen würde. Er hätte das schon heute Nachmittag planen müssen, aber die besten Ideen kamen ihm unter Druck. Er hatte genügend Zeit. Ein paar Selfies, Gespräche mit den Arbeitern vor Ort … Das Taxi nach Adlershof würde höchstens zwanzig Minuten brauchen, danach der Termin in der Maske … Zur Not musste das Studio einen Wagen schicken. Wichtig war die Botschaft: Er machte es sich nicht im Sessel eines Fernsehstudios bequem. Er hielt nicht Mitleid heischend seinen Kopf in die Flugbahn einer Birkenstock-Sandale. Er ging dorthin, wo es den Menschen unter den Nägeln brannte.

Auf einer Rolltreppe fuhr er nach oben. Viel Nussbaum, mattierter Stahl. Alles wirkte sauber und manierlich. Doch gerade das war Täuschung. Die Mängel versteckten sich wie Ungeziefer. Bald würde er im Studio sitzen und sagen: »Frau Wunsch, ich komme von einer unangemeldeten Besichtigung des Flughafens. Was ich dort entdeckt habe …«

Ein Wachmann kam ihm entgegen, stellte sich stramm: »Herr Minister!«

Endlich erkannte ihn jemand, guter Mann. »Wie heißen Sie?«

»Zeuthen, Herr Minister.«

»Ich bin hier für eine unangemeldete Besichtigung.«
»Stehe zu Diensten.«
Sie blickten hoch. Gummisohlen auf Kalkstein, vermummte Kämpfer in Stiefeln und schwarzer Kluft auf der Shopping-Empore.
»Was machen die da?«
»Ich weiß nicht, Herr Minister.«
»Das ist schlecht. Sie müssen über diese Dinge informiert sein.«
Die Kämpfer sahen die Männer, flohen hinter die Ladenzeile.
»Soll ich die Zentrale anrufen, Herr Minister?«
»Erst müssen wir Ergebnisse präsentieren. Wo sind die Mängel?«
»Ich glaube, sie sind überall.«
»Zeigen Sie mir ein paar besonders üble.«

65

Hinter der Mauer sah Jana Kabel. Überall Kabel. Ohne Anfang, ohne Ende, dicke und dünne, zu Spiralen gedreht, verknotet, verschmolzen. Mäntel waren rissig, Kupfer und Stahl glänzten, hier und da funkte es, Rauch stieg auf. Die Kabel strafften sich, zogen sich zusammen, in einem geheimnisvollen Rhythmus. Jana versuchte, weiter in die Tiefe zu sehen. Doch die Kabel, endlos, verschwanden in einer Schwärze ohne Raum und Zeit.
»*Terminal Trouble*«, flüsterte sie.
Odebrecht schichtete weitere Ziegel auf. Schweiß lief seine Stirn hinunter.

»Sie können den Flughafen so nicht eröffnen, oder? Das nimmt der TÜV niemals ab.«

Ein Raum, den es nicht geben durfte … In keinem Plan verzeichnet … Nach ungezählten Erweiterungen ohne Plan und Durchblick, eingezogenen Zwischenwänden, neuen Schächten, Decken, Rohren, durch Firmen, die nebeneinander arbeiten, übereinander, untereinander … Kabel, für die kein Platz ist, die es nicht geben darf, sie werden abgeschoben und verleugnet in diesen Raum. Keiner sieht hin, alle wollen vergessen … Doch die Kabel fügen sich zusammen, verdrahten sich, verschalten sich zu einer höheren Ordnung …

Odebrecht, den Kopf abgewandt, verteilte Mörtel auf den Ziegeln.

»Es ist schön«, sagte Jana. Sie packte seine Schultern, die knirschten und knackten: »Die Menschheit muss von diesen Kabeln erfahren!«

Sam war wie betäubt. Er sah Pankelow vor den Panoramafenstern auf und ab gehen wie einen Conferencier. Hörte »Hundert Millionen Passagiere! Kathedrale des Reisens! Modernster Flughafen des 21. Jahrhunderts!« Sperenberg! Kein Wort hatte ihm Pankelow davon gesagt!

»Die Entscheidung für Schönefeld«, rief Pankelow, »war von Anfang an Ausdruck von Kleingeistigkeit und Erbsenzählerei. Warum hatte die Politik nicht den Mut zum internationalen Drehkreuz? Zu einer dritten und vierten Startbahn? Dies ist der Tag des Aufbruchs!«

Zweifelnde Blicke. Köpfe, die sich wiegten. Nein, dachte Sam, Pankelow überzeugte diese Leute nicht. Sein Plan konnte nicht aufgehen!

»Billig wird der neue Flughafen nicht. Diese Zigarrenkiste liegt bei sechseinhalb Milliarden Euro. Dafür ist unsere Vision nicht zu haben. Ich rede von einem

Wachstumsschub für die Berliner Wirtschaft, wie es ihn noch nie gab. Ich rede von einem Wachstumsschub für Sie!«

Da und dort drehte sich die Stimmung. Sam sah erste Augen glänzen, in den Pupillen Zahlen mit vielen Nullen. Doch noch überwog Skepsis. Ein Finger ging hoch.

»Bei allem Respekt.« Es war der Anlagenbauer aus Falkensee. »Ich glaube, ich spreche für alle, wenn ich sage, wir stellen in Sperenberg ein Ding hin, da fliegen den Chinesen die Ohren weg.«

»Und den Türken!«, rief jemand anderes.

»Und den Bayern!«

»Aber schauen Sie sich Odebrecht an, diesen Korinthenkacker … Er will die Kabelsanierung nach Wuppertal geben.«

Wuppertal! Alles war in Aufruhr. Aufträge nach Wuppertal, wo lag das überhaupt, hinter Bielefeld, die Älteren erinnerten sich an unerfreuliche Begegnungen in der zweiten Bundesliga.

»Sie haben recht.« Pankelow beruhigte die Menge. »Mit einem wie Odebrecht ist der neue Flughafen nicht zu stemmen. Provinzieller Geist, ohne Sinn für Größe. Die Politik muss wieder Verantwortung übernehmen.«

Ein weiterer Finger ging hoch: »Aber Herr Pankelow … Glauben Sie, dass diese Nullnummer im Rathaus den Mut hat?«

Der Zwischenruf war abgesprochen, Sam hatte keinen Zweifel. Solche Dinge überließ Pankelow nicht dem Zufall. Er wurde ernst, als müsse er über die Antwort lange nachdenken.

»Ich habe immer gesagt, Politik ist Verantwortung auf Zeit. Aber dass ein Bürgermeister vergessen wird, während er noch im Amt ist: Das ist eine neue Dimension von Sterblichkeit. Vor ein paar Tagen stand ich auf dem

Kurfürstendamm. Menschen haben mich begrüßt, wollten Fotos. Bürgermeister der Herzen nennen sie mich. Aber wissen Sie: Wenn es um so viel geht wie hier – dann ist das Herz nicht genug. Dann will, dann muss ich Bürgermeister der Köpfe sein. Der Arme, der Beine dieser ganzen, wunderbaren Stadt!«

Stille. Ungläubiges Staunen. Pankelow war zu weit gegangen, dachte Sam. Noch mal Bürgermeister, das war Irrsinn.

»Das Schicksal hat uns allen ein paar Schrammen in die Seelen gekratzt.« Pankelow zeigte auf die Schrammen in seinem Gesicht. »Wir sind älter geworden. Wir haben Erfahrungen gesammelt. Aber wir sind bereit für den Neuanfang! Wir können das Rad der Zeit mit doppelter Kraft nach vorn rollen! Ich sehe den Frühling, die Wiese, den Spatenstich. Ich sehe einen Flughafen, wie es auf der Welt keinen zweiten gibt!«

»Odebrecht muss weg!«, rief Priewitz.

»Pankelow solls machen!«, rief der Anlagenbauer.

Die Finanzchefin von Pankotron schrie: »Wir wollen Paco!«

»Paco!«

»Der Flughafen eröffnet nie!«

»Und das ist auch gut so!«

Grölendes Gelächter. Jubel. Applaus. Alle stürzten nach vorn, schüttelten Paco die Hand. Champagnerkorken knallten, Priewitz senior kniff einer der Afrikanerinnen in den Po.

»Danke, danke«, rief Pankelow in die Menge. »Und bevor ich's vergesse: Unser junger Wissenschaftler möchte einen kleinen Vortrag halten. Er hat ein originelles Programm geschrieben, künstliche Intelligenz, wie die jungen Leute so sind. Sam, langweile uns nicht mit Details!«

Sams Hand zitterte, als er die Präsentation startete.

Niemand sah in seine Richtung, niemand hörte zu. Es war der Verrat, vor dem ihn Hornbusch gewarnt hatte.

Breyer stand auf dem Podest der Stahltreppe. Unter ihm breitete sich ein Meer silberglänzender Rohre aus. Sie fächerten sich auf, mündeten in Wände und Verteilerkästen oder knickten ab und tauchten in unbekannte Tiefen.

»Wo sind jetzt die Mängel?«, fragte er.

»Ich bin nur der Wachmann, Herr Minister.«

»Wie können Sie Mängel bewachen, wenn Sie nicht wissen, wo sie sind?«

Der Wachmann zog schuldbewusst den Kopf ein.

»Ich habe nachher einen Auftritt bei Hanna Wunsch. Wäre schön, wenn ich was bieten kann. Haben Sie Telefon?«

»Jawohl, Herr Politiker.«

»Ich brauche ein Taxi.«

Der Wachmann zog ein Smartphone heraus. »Hier unten ist kein Netz.«

Breyer schaute auf die Uhr: Lange durfte er sich hier nicht aufhalten. Aber die Sache war zu wichtig, zur Not strich er den Termin in der Maske.

»Vielleicht können wir ein Video drehen. Ich mit einem Mangel in der Hand. Je übler, desto besser.« Breyer stieg die Treppe hinunter.

»Ich habe keine Vollmacht, Herr Minister.«

»Was heißt das?«

»Ich soll das Objekt oben bewachen. Aber nicht unten.«

»Wie können Sie ein Objekt oben bewachen, wenn unten die Probleme brennen? Halten Sie sich in Rufweite. Wenn ich einen Mangel habe, muss es schnell gehen.«

66

Zoë stand am östlichen Ende der Pier Süd. Den Bolzenschneider hielt sie fest in beiden Händen. Ihre Aufgabe war, das Datenkabel zu durchtrennen, das an dieser Stelle Richtung Feuerwache-Ost lief. Damit der Flughafen, während sich Feuer und Hitze ausbreiteten und die Stahlträger einknickten, keine Alarmsignale nach draußen sendete. Allerdings durfte sie die Leitung erst im letzten Moment kappen; sonst konnte das plötzliche Verstummen Verdacht erregen.

Noch neun Minuten. Danach sechs Minuten Zeit, das Gebäude zu verlassen, bevor es einstürzte. Um ihre Nervosität zu betäuben, wiederholte Zoë sich immer wieder, dass wenige große Gebäude auf der Welt so einfach zu zerstören waren wie der Flughafen Berlin-Brandenburg. Dass seine Zerstörung nötig war, für Berlin, Deutschland, die Welt.

Ihr Notfall-Handy klingelte.

»Helge hier«, hörte sie.

»Gibts ein Problem?«

»Ich habe versucht, Gesine anzurufen.«

»Sie ist unten bei der Entrauchungsanlage. Wahrscheinlich hat sie kein Netz.«

»Ich habe die Simulation noch mal geprüft. Es ist möglich, den Flughafen mit hundert Prozent Wahrscheinlichkeit zu zerstören.«

»Warum hast du das nicht gleich gesagt?«

»Weil jemand den Bus ins Terminal steuern muss.«

»Red keinen Unsinn.«

»Ich muss durch die Scheiben brechen, auf Ebene U1 stürzen und im Bus verbrennen.«

»Das ist nicht der Plan, Helge.«

»Sonst reichen die Temperaturen nicht.«

»Der Plan ist, dass du im Bus wartest und uns zum Mahlower See fährst.«

»Dann gelingt die Zerstörung nur zu achtzehn Prozent. Ich habe die Simulation noch mal überprüft. Achtzehn Prozent, höchstens.«

Zoë wurde heiß. Wieso kam er acht Minuten vorher damit an?

»Ich will als Märtyrer sterben«, sage Helge. »Ich habe ein Manifest vorbereitet. Wenn ich tot bin, müsst ihr das vorlesen.«

»Wir brauchen den Bus, Helge.«

Die Tür flog auf. Eine dickliche Frau im lädierten Lodenmantel kam herausgestürzt. Sie lehnte sich an die Glasscheibe, atmete tief, ihre Haare hingen ins Gesicht. »Mir gehts nicht gut«, röchelte sie, »mir gehts gar nicht gut …«

»Wer ist die Frau?«, fragte Helge.

»Da oben sind Terroristen«, sagte Bienchen.

»Ich kenne die Stimme …«

»Du machst alles so, wie Gesine gesagt hat«, befahl Zoë.

»Mein Manifest – «

»Dein *INCEL*-Geschwafel interessiert einen Dreck.«

»Fotze. Lesbendrecksfotze! Euch gehörts richtig besorgt! Euch müsste mal einer – «

Zoë hängte ein, das musste sie sich nicht bieten lassen. Die Frau lehnte an der Scheibe, wimmerte und hielt ihren Magen, als müsse sie sich gleich übergeben. Zoë hatte sie schon einmal gesehen, aber sie durfte darüber jetzt nicht nachdenken.

»Verlassen Sie sofort den Flughafen«, zischte sie.

Noch sieben Minuten. Zerstörungswahrscheinlichkeit achtzehn Prozent. Lief ihr Plan gerade aus dem Ruder? Bedenken waren tabu.

Jana blickte hinunter auf die Kabel. Sie begriff das Geheimnis des Flughafens, noch nie hatte sie so klar gesehen. Odebrecht kniete neben ihr und rührte Mörtel an.

»Sie können diesen Mangel nicht beseitigen«, sagte sie. »Niemand kann das, er ist *Terminal Trouble.* Fassen Sie den Mut zur Wahrheit. Erklären Sie Ihr Scheitern, stolz und mit reinem Gewissen. Schauen Sie, wie die Kabel verschmolzen sind! Unbegreiflich schön!«

Sie versuchte, Odebrecht hochzuziehen. Doch der verkrümmte sich über dem Eimer.

»Wenn Sie den Mut nicht haben«, sagte Jana, »werde ich die Wahrheit sagen.«

Odebrecht rührte fester im Eimer. In der Dunkelheit schien ihr, dass seine Lippen sich zu einem Grinsen verzerrten.

Sie wandte sich um. Sie ging ein paar Schritte, blieb stehen. Sie sah hier eine Öffnung, dort einen Schacht. Mehr Öffnungen und Schächte. Sie wusste nicht mehr, welchen Weg sie gekommen war.

Breyer stand im silbrigen Dämmer der Rohre, die neben, bald über ihm liefen wie die Becken mancher Aquarien, in denen man die Fische von allen Seiten sah. Er fühlte kein Fieber mehr und keine Angst. Dieser Abend konnte sein Churchill-Moment werden! Das Fernsehstudio brauchte er nicht; viel besser war eine Live-Schaltung. »Frau Wunsch, ich stehe sechzig Meter unter der Erde, im Mittelpunkt der Entrauchungsanlage. Ich sage an dieser Stelle deutlich …« Allerdings wäre es gut, wenn er einen Mangel vorführen könnte. Einen, bei dem den Zuschauern der Atem stockt. Er hörte Tritte, Rascheln …

67

Was passiert«, fragte Sam, »wenn Wissenschaftler eine Maschine konstruieren, die intelligenter ist als der Mensch? Nicht komplexer, nur intelligenter. Stellen Sie sich vor …«

Keiner hörte zu. Die Unternehmer standen um Pankelow herum, klopften ihm auf die Schulter: Sperenberg, sie waren immer für den Neubau gewesen, endlich hatte ein Politiker den Mut. Andere saßen in den Fauteuils, Gespräche kreisten um sechste und siebte Landebahnen, Aufträge und Provisionen mit immer mehr Nullen …

»Die so viele Büroklammern wie möglich …«

Ein Teller ging zu Bruch, johlendes Gelächter. Eine der Afrikanerinnen kehrte Scherben, Waldbeer-Sorbet und Marzipanschaum auf.

»Nach und nach bringt diese Maschine alle Produktionskapazitäten und Rohstoffe … Menschen, die versuchen, sie zu stoppen …«

»Zeigen Sie noch mal das Dia mit dem Reh!«, rief die Schabracke von Pankotron.

Sam brach ab. Wut stieg auf, gleichzeitig Kälte und Klarheit. Bis jetzt hatte er gedacht, die größte Bedrohung der Menschheit sei eine Super-Intelligenz. Jetzt begriff er: Die größte Bedrohung waren Leute wie diese. Masse, Mittelmaß, Gier. Vor seinem inneren Auge wurde das Bild einer Bombe scharf. Einer Bombe, die in die VIP-Lounge flog und alles in Fetzen riss.

»Bringen Sie mich raus«, sagte Jana. Ihr wurde heiß, sie bekam keine Luft mehr. Vor ihr stand Odebrecht, die Kelle in der Hand. In seinen Augen blitzte Bosheit.

Hinter einem Druckbehälter sah Breyer eine Frau in Kampfmontur. Sie kniete vor einem aufgebrochenen Schacht, in dem sich Kabel verschiedener Farbe und Dicke drängten. Neben ihr lag ein Päckchen von fünf zusammengeschnürten Rohren. Sie hantierte mit Zange und Isolierband, schaute immer wieder auf einen Plan in ihrem Telefon. Breyer räusperte sich, die Frau fuhr zusammen. Er zeigte aufs Telefon. »Wie viele Balken?«

Sam hatte es drinnen nicht mehr ausgehalten, hatte alles zerstören wollen, die Champagnergläser und Wachtelbrüstchen, das Lachen, die Lügen, die Geilheit und die Gier.

Auf der Treppe, die zur Besucherterrasse führte, saß ein junger Mann mit Vollbart und einem Rucksack zwischen schwarzen, stark glänzenden Stiefeln. Er hielt ein Stück schwarzen Stoff zwischen seinen Händen und steckte geistesabwesend seine Finger in die Löcher. Drähte ragten aus dem Rucksack wie Fühler eines Insekts.

»Was machen Sie hier?«, fragte Sam.

»Ich … ich soll …« Tränen standen in seinen Augen.

In der Lounge begann die Schabracke von Pankotron zu singen: *Ich weiß, es wird einmal ein Wunder geschehn … Und dann werden tausend Märchen wahr …*

»Was ist das in dem Rucksack?«, fragte Sam.

»Eine Bo… Bom…«

»Eine Bombe?«

Ich weiß, so schnell kann keine Liebe vergehn … Die so groß ist und so wunderbar.

»Was für eine Bombe?«, fragte Sam.

»Phosphor.«

»Brandbombe?«

»Damit alles heiß wird und schmilzt … Damit oben auf dem Dach …«

»Gut«, sagte Sam. »Sehr gut.«
»Werfen Sie die Bombe«, sagte Sam.
»Da drin sind Men…«
»Ach was, sind bloß Tiere.«

Jana hielt sich an der Wand fest. Wischte sich die Stirn. »Wir gehen hier raus … verkünden die Wahrheit …«

Odebrechts Gesicht verzerrte sich zu einer Fratze. Er holte mit der Kelle aus.

»In fünfzig Sekunden fliegt alles in die Luft!«, rief Gesine.

»Sprengung?«, fragte Breyer. »Da kenne ich mich aus. Ich stelle mich hierhin. Ich sage den Menschen an dieser Stelle deutlich –«

Jana fühlte stechenden Schmerz an ihrem Hals. Odebrecht packte sie, sie trat um sich …

»Werfen Sie die Bombe!«, rief Sam.

Zoë setzte den Bolzenschneider an die Kabel. Die Tür wurde aufgedrückt, ein Wachmann kam heraus: »Haben Sie Vollmacht?«

»Wir müssen hier raus!«, schrie Gesine.

»Ich würde Ihre Argumente ernst nehmen …«, sagte Breyer.

Odebrecht zerrte Jana zur Öffnung, aus der Blitze zuckten.

Gesine riss eine Blendgranate aus dem Gürtel …

»Wenn Sie welche hätten!«

»Werfen Sie!«, schrie Sam.

Odebrecht heulte, Jana brach durch die Mauer …

68

Ein Stoß erschütterte das Terminal. Lampen flackerten, Nussbaumpaneele knirschten, Wasser prasselte aus den Sprinklerköpfen. Brandschutztüren fuhren auf und zu, Alarme heulten, auf dem Dach drehten sich die Entrauchungsventilatoren. Frauen kreischten in der VIP-Lounge, Männer suchten Schutz vor dem eiskalten Wasser. Die Finanzchefin von Pankotron schrie: »Wir müssen hier raus!«

Treten, umstürzende Tische, Pfennigabsätze, die durch nasses Foie gras rutschten … Die Abendgesellschaft drängte aus der Tür, rempelte Sam und Hardy zur Seite, stieß seine Brandbombe in eine Pfütze. Dort die Rolltreppen – wieso rollten die aufwärts? Alles leuchtete, drehte, öffnete und schloss sich …

Breyer kauerte unter dem Tresen der Marlene-Dietrich-Bar, in der Hand ein Telefon, das ihm nicht gehörte. Wie war er hierhergekommen? Er erinnerte sich an aufflammendes Licht, einen Ruck in den Rohren, gellende Warnmelder. Die Frau in Kampfmontur war die Treppe hochgeflohen, er hatte nach dem Telefon gegriffen …

Über ihm klatschte Wasser auf Holz, Glas, Plastikfolie. Er hörte Rufe, eine Sirene, das Telefon zeigte vier Balken. Er brauchte sofort eine Live-Schaltung zu Hanna Wunsch. Irre Geschichte! Aber was sollte er sagen? »Frau Wunsch, ich hocke unter dem Tresen der Marlene-Dietrich-Bar. Hier geschieht Unbegreifliches …«

Schnettke lehnte an der Tür seines Opel Ascona. Seit drei Stunden wurde sein Minister vermisst. Anrufe, Suchaktionen, er hatte es im Ministerium nicht mehr ausgehalten.

Zehn Minuten nach zehn. Das Terminal hätte brennen, die Schornsteine durchs Dach krachen müssen. Doch es leuchtete still und majestätisch in der Nacht. Was war da los? Tropfende, verfrorene Gestalten kamen hustend durch die Glastüren. Chauffeure eilten aus ihren Limousinen herbei, mit Jacken, Decken, Erste-Hilfe-Kästen.

In Erwartung des großen Crashs hatte Schnettke Bienchens Geld und die halbe Million aus dem EU-Gründerfonds investiert, in Optionen und Credit Default Swaps. Seine Zukunft löste sich auf wie eine Tablette im Wasserglas.

Jana trat mit den Füßen ein Lüftungsgitter aus der Verankerung. Rutschte durch den Schacht, blieb mit dem Rucksack hängen. Sie bekam eine Metallkante zu fassen, ruckte vor, zurück …

Sie fiel auf ein Gepäckband, helles Licht blendete. Sie kroch über die Auflage, der Kopf, der Hals, alle Muskeln schmerzten. Sie schob einen Gummivorhang zur Seite – da war die Gepäckausgabe. Sie kroch weiter, Kopfschmerz hämmerte. Was war passiert? Wie war sie hierhergekommen? Sie hatte etwas gesehen. Doch schon begannen die Bilder in ihrem Kopf zu verwischen. Kabel … Mörtel … ein schwarzer Mantel … Überall auf den Gepäckbändern standen Pfützen. Bis eben musste Wasser aus den Sprinklerköpfen geprasselt sein, jetzt tropften sie nur noch. Das Deckenlicht erlosch, die Gepäckausgabe sank in den Dämmer der Notbeleuchtung.

Sie musste die Bilder in ihrem Kopf festhalten. Aber je mehr sie sich anstrengte, umso mehr verflüchtigten sie sich: Mauerziegel … Kabel … eine Kelle … Sterne und Blitze zuckten vor ihren Augen. Sie sah jemanden am Ausgang stehen. Sam! Sie versuchte, vom Gepäckband zu steigen.

Er drehte den Kopf: »Jana! Wie siehst du aus?«

Ihr wurde schwarz vor Augen, sie sackte zurück.

»Bleib sitzen! Bist du in einen Schacht geraten? Dein Gesicht ist knallrot! Du hast eine Kohlenmonoxid-Vergiftung! Atme! Atme!«

Sie atmete tief durch.

Sam hielt sie fest, befühlte ihren Hals. »Wieso blutest du?«

»Bin irgendwo hängen geblieben … Was ist passiert?«

»Nichts ist passiert.« Und nach einer Pause: »Außer dass der Flughafen funktioniert.«

»Verstehe ich nicht.«

»Sprinklerköpfe, Brandschutztüren, Entrauchung … Der Flughafen hat uns betrogen! Nirgends ein Mangel!« Sams Stimme gellte in ihren Ohren. »Das Scheißding könnte morgen eröffnen!«

Jana erinnerte kaum noch Bilder. Nur ein Gefühl von Wahrheit, Erkenntnis … Eine Botschaft, sie hatte eine Botschaft gesehen. »Ich muss hier raus«, sagte sie. »Ich brauche frische Luft.«

Schnettke sah seinen Minister aus dem Gebäude kommen. Er wollte sich hinter die Fahrertür ducken – zu spät, Breyer hatte ihn schon gesehen. Schnettke ging ihm entgegen.

»Herr Minister …«

»Ich brauche eine Live-Schaltung zu Hanna Wunsch. Irre Geschichte! Unangemeldete Besichtigung, Terroristen, um ein Haar totale Zerstörung …«

»Die Sendung ist in zehn Minuten vorbei.«

»Verbinden Sie mich mit den Tagesthemen. Breaking-News, Sonderbericht! Ich war im Mittelpunkt der Entrauchungsanlage! Herrgott, Schnettke! Das ist mein Churchill-Moment!«

»Ich fürchte, Herr Minister ...« Schnettke schaute wie ein geprügelter Hund.

»Verbinden Sie mich mit der Kanzlerin.«

»Sie weilt im Palast des Emirs. Morgen fliegt sie in den nächsten Ölstaat. Es heißt, sie wird Ihnen beiläufig, ohne Überzeugung ...«

»Nein!«

»Ihr Vertrauen aussprechen ...«

»Ich war im Mittelpunkt der Entrauchungsanlage! Bei den Sorgen und Nöten der Menschen!«

»Sie wurden bei Hanna Wunsch vermisst.«

Breyer senkte den Kopf, Schneeflocken schmolzen auf seiner Krawatte, zwischen Resten weißer Soße. »Es ist vorbei?«

»Vorbei, Herr Minister.« Tränen standen in Schnettkes Augen. »Vorbei.«

Pankelow stand unter dem Vordach der Haltebucht, in seinem durchnässten Anzug. Er hob hier eine Hand zum Gruß, versuchte dort einen lockeren Spruch. Ringsum telefonierten die Leute nach Taxis und Fahrern, niemand beachtete ihn.

Jana kam, auf Sam gestützt, aus dem Terminal. Sie hatte Schmerzen in der Brust, die Wunde am Hals brannte. Die kalte Luft tat ihr gut, wehte die Reste Kohlenmonoxid aus ihrem Hirn. Doch immer noch sah sie die Welt durch einen Schleier. Wer war die verwahrloste Frau im grünen Mantel, die aschfahl, schwer atmend an einer Scheibe lehnte? Sie erkannte Zoë und ihre Freundin, mit einigen anderen

Kämpfern. Hardy blickte auf, tuschelte mit Zoë. Sie sah herüber, wandte schnell den Blick ab.

Ein VW-Bus näherte sich in hohem Tempo. Er raste mit blendenden Scheinwerfern quer über den Willy-Brandt-Platz auf die Leute zu. Schreie, Panik. Der Bus geriet ins Schleudern, Reifen quietschten, er krachte gegen eine Säule, der Motor verreckte. Die Fahrertür wurde aufgedrückt. Helge kletterte aus dem Bus, blass und zitternd. Die Frau, in der sie nun Bienchen erkannte, ging auf ihn zu, ganz strenge Mutter. Strich sein Hemd glatt, wischte mit Spucke einen Fleck von seiner Wange. Er wehrte sich nicht, sie nahm ihn bei der Hand und ging Richtung S-Bahnhof davon.

Eine Glastür flog auf. Odebrecht kam heraus, die Schöße seines Mantels flatterten wie Fledermausflügel. Hinter ihm rang ein Wachmann die Hände.

»Herr Flughafenchef, ich bitte …«

»Sie sind verantwortlich? Entlassen.«

»Euer Flughafenchef …«

»Entlassen!« Odebrecht sah Jana, erstarrte in der Bewegung. Die Augenlider zuckten, der Mund schnappte nach Luft. »Trocken wischen … Weiterbauen …«

»Herr Flughafenchef …«

»Fertig bauen! Eröffnen!«

Odebrecht wehte zurück ins Terminal, auf seinen Mantelschößen sah Jana hellgraue Flecken. Sie sahen aus wie Mörtel.

SIEBTER TEIL

Zwanzig Minuten später

»Der im Himmel thront, lacht,
der Herr spottet ihrer.«

PSALM 2:4

69

Schneeflocken wehten durch die Lichtkegel der Scheinwerfer. Jana überholte ein Streufahrzeug, auf der Gegenspur hatte sich ein Holztransporter quergestellt. Das Gebläse des Rometsch blies warme Luft in den Innenraum. Pankelow saß auf dem Beifahrersitz, Sam kauerte auf der Rückbank.

»Was für ein Abend«, sagte Pankelow.

Sie fuhren auf der Rudower Straße Richtung Innenstadt. Auf dem Gehweg zog ein Mann einen Schlitten, beladen mit zwei Bierkästen und einem lachenden Kind.

»Wie fandest du meine Rede?«, fragte Pankelow. »Improvisiert, aber ich denke, die Botschaft ist angekommen. Sperenberg, wir sollten wirklich –«

»Verräter«, zischte Sam. »Sie hatten alles geplant.«

»Das stimmt nicht.«

»Sie waren heute Morgen in Sperenberg.«

»Ist das ein Verbrechen? Tut mir leid, dass dein Vortrag nicht gut angekommen ist.«

Sam schwieg.

»Und ich sage dir, warum keiner zugehört hat.«

»Weil alle betrunken waren.«

»Hätte ich meine Reden nur vor nüchternem Publikum gehalten, wäre ich heute noch Stadtrat in Treptow. Dir hat keiner zugehört, weil du dir selbst nicht geglaubt hast.«

»Lüge!«

»Geheimer Wille des Flughafens! Der schiefe Turm von Schönefeld! Regalkilometer Akten, monatelang deine Simulationen – was hat es uns gebracht? Hättest ja erklären können, warum der Flughafen plötzlich anfängt zu sprinkeln. Warum er das Buffet versenkt und den Frauen die Frisuren ruiniert. Das wäre deine Chance gewesen! Aber nein, der Tempelpriester schweigt. Du hattest deine fünfzehn Minuten. Du hast sie nicht genutzt! In Sperenberg ist ein bedeutender Flughafen möglich. Ich bin am ersten Flughafen gescheitert, ich werde nicht am zweiten scheitern.«

Sie überquerten den Teltowkanal, vor ihnen fuhren die Wagen im Schritttempo, mit Warnblinklicht.

»Erst mal werde ich wieder Bürgermeister.«

»Ich will aussteigen«, sagte Sam.

»Adenauer ist mit dreiundsiebzig Jahren Bundeskanzler geworden. Ich habe die Kraft, die Vision …«

»Ich will raus!« Sam rüttelte an Janas Sitz.

Sie hielt am Straßenrand, er zwängte sich nach draußen, überquerte, ohne nach links oder rechts zu sehen, die Straße und sprang die Stufen zur U-Bahn-Station Neukölln hinunter. Jana stieg wieder ein, schlug die Tür zu und schaltete den Motor aus.

»Ich nehme es ihm nicht übel«, sagte Pankelow. »Er hatte einen harten Tag. Aber ich hatte auch einen harten Tag. Wenn du sein Gerede gehört hättest, über Weltraum und Büroklammern …«

Das Heizungsgebläse blies, ohne Fahrtwind wurde es im Wagen warm. Jana lehnte sich zurück und schloss die Augen. Bilder stiegen in ihrem Kopf auf wie Blasen vom Grund eines Sees. Odebrecht … der Mörteleimer … Kabel, überall Kabel …

»Du siehst müde aus.«

»Bin ein bisschen erschöpft.«

»War ein langer Tag. Aber, das darf uns keiner ausreden, unter dem Strich ein Erfolg.«

»Ist es schlimm, wenn Sie allein weiterfahren?«

»Ich würde dir gern deinen Job zurückgeben. Ich weiß bloß nicht, ob –«

Jana reichte ihm die Hand: »Gute Nacht.«

»Hältst du mich für flach?« Er blickte sie an. Wieder war da die Angst in seiner Stimme, wie in ihrer ersten Nacht am Steg. »Für Sam bin ich erledigt. Aber manchmal reicht es nicht, ein Ziel zu haben. Wenn wir ewig auf ein Ziel starren, zu dem es keinen Weg gibt: Dann ist das Selbstbetrug, weiter nichts.«

»Ich halte Sie nicht für flach.«

»Bestimmt nicht?«

»Ich danke Ihnen. Für alles.«

Sie stieg aus, überquerte die Straße zum U-Bahn-Eingang. An der Treppe drehte sie sich um: Pankelow stand in der Fahrertür. Gut sah er aus, in seinem hellen Anzug. Schnee und die Kälte schien er nicht zu spüren, die Schrammen im Gesicht waren fast verheilt. Er zwinkerte ihr zu und hob die Hand.

70

Sam saß auf einer Bank in der Mitte des Bahnsteigs. Er hob kaum den Kopf, als Jana vor ihm stand.

»Hallo.«

Er antwortete nicht. Sie setzte sich neben ihn. Der Bahnsteig war leer, eine U-Bahn war gerade abgefahren. In vier Minuten sollte die nächste kommen.

»Hast du Hunger?«, fragte sie.

Er schüttelte den Kopf.

»Hast du Geld?«

Er griff in seine Hosentasche, holte sein Portemonnaie heraus, hielt es ihr hin. Sie warf einen Blick zum Kiosk und sah, dass er längst geschlossen hatte.

»Du hast recht«, sagte sie. »Der Flughafen hat ein Geheimnis.«

»Der Flughafen hat uns betrogen, jahrelang.«

»Ich habe Kabel gesehen …«

»Als ob er uns zeigen wollte, wie blöd wir sind!«

Bilder von Ziegeln, Eimern, Mörtelsäcken kreisten in Janas Kopf wie Teilchen eines Puzzles, die sich nicht zusammenfügten.

»Was wirst du jetzt tun?«, fragte sie.

»Ich fahre in die Villa. Vernichte alles. Die Ordner, die Festplatten … Als ob es unsere Arbeit nie gegeben hat. Dann suche ich mir einen Job. Apple, Google, den üblichen Mist.«

»Du bist besser als das.«

»Ein Dreck bin ich.«

»Alles, was du erreicht hast …«

»Nichts habe ich erreicht! Null!« Er schluckte, hatte Tränen in den Augen. »Das Schlimme, das wirklich Schlimme ist: Ich wusste, dass es einen anderen Weg gibt. Ich hatte die Chance. Aber ich habe sie vergeigt. Also werde ich den Rest meines Lebens machen, was alle machen. Und jede Minute werde ich wissen: Es ist falsch.«

Ein Zeitungsverkäufer ging über den Bahnsteig, blieb hier und da stehen, hielt Zeitungen von morgen hoch. »BER-Eröffnung neuer Termin …« Jetzt stand er vor ihnen. »BER-Eröffnung am 31. Oktober 2020.«

»Halts Maul«, sagte Sam.

»Verkündigung des neuen Termins …«

»Halts Maul!«

Sam stürzte sich auf ihn, schlug ihm die Zeitungen aus der Hand. Jana zerrte ihn weg, drückte ihn auf die Bank, wo er keuchend sitzen blieb. Einige Zeitungen lagen zerrissen auf dem Bahnsteig.

»Bescheuert oder was?!«, rief der Verkäufer.

Jana zog einen Zwanzig-Euro-Schein aus Sams Portemonnaie, hielt ihn dem Verkäufer hin: »Sorry, uns gehts gerade nicht gut.«

»Nur Gestörte in der Stadt.« Der Verkäufer nahm den Schein, murmelte etwas von Drogen, die immer schlechter wurden, und ging weiter.

Jana sammelte die Zeitungen auf und trug sie zur Altpapiertonne. »BER-Eröffnung am 31. Oktober 2020?«, lautete die Schlagzeile, darunter ein Foto von Odebrecht. Sie stopfte die Zeitungen tief in die Tonne.

Neben den Mülltonnen stand ein Snack-Automat: Schokoriegel, Kekse, Salami, es gab sogar Cappuccino in der Dose. Sie entschied sich für Puffreis mit Schokolade, warf Münzen ein und drückte die Taste. Eine Spirale drehte sich, die Packung fiel ins Ausgabefach. Es war das Erste heute, was ohne Widerstand funktionierte.

Die Zuganzeige hatte sich geändert; wegen des Schneefalls war der Betrieb auf unbestimmte Zeit unterbrochen. Jana setzte sich neben Sam, riss die Packung auf und hielt sie ihm hin. Er nahm ein Stück, sie kauten.

»Glaubst du, Pankelow wird noch mal Bürgermeister?«, fragte sie.

»Kann er vergessen.«

Glaubst du, der Flughafen wird am 31. Oktober 2020 eröffnen? Sie fragte nicht, sondern versuchte, sich die Eröffnung vorzustellen: Gedränge von Menschen auf dem Vorplatz, im Terminal. Kapellen spielen, Politiker halten Ansprachen, Flugzeuge starten und landen ... Nein. Der Flughafen würde nicht eröffnen, nicht einfach so. Noch hatte die Welt seine Botschaft nicht verstanden, noch hatte er sich nicht offenbart. Aber der Tag würde kommen, schon bald.

Ein Flughafen, von dem keine Flugzeuge fliegen. Ein Prophet des Stillstands. Die Menschen würden die Augen öffnen und begreifen.

Nun saß sie neben Sam, der Puffreis knackte zwischen den Zähnen, ihre Knie berührten sich. Es war der vollkommene Moment. Vielleicht hatte der Flughafen einfach diesen Moment gewollt, von Anfang an. Und weil er ihn wollte, war er gut.

Die Cannabis-Connection

Dr. Marcel Kamrath ist der ideale Politiker. Charmant, ambitioniert, zielgerichtet und menschenfreundlich. Dem Staatssekretär winkt schon ein Ministeramt, er muss nur noch die Legalisierung von Cannabis erfolgreich durch den Bundestag bringen. Doch dann holt ihn seine begraben geglaubte Vergangenheit wieder ein. Ein Jugendfreund aus Amsterdam taucht auf.
Das Wiedersehen wird für Kamrath zu einem gnadenlosen Machtkampf, in dem ihm die Kontrolle mehr und mehr entgleitet. Immer tiefer wird Kamrath in ein gefährliches Duell hineingetrieben, das er nur überleben kann, wenn er alles opfert, was ihm wichtig ist.

»Ein rasant geschriebenes Buch, mit vielen gut gebauten und spannend zu lesenden Dialogen und Actionszenen vor politischem Hintergrund. Interessante Figuren, verstrickte Geschichte und interessante Einblicke in die Zusammenhänge des Cannabis-Geschäftes. Das deutsch-holländische Autorenduo Hoeps & Toes ist eine echte Empfehlung.« *HR*

»Es ist nicht zu überlesen, die beiden Autoren kennen das Milieu sehr genau, sowohl das der Amsterdamer Cannabis-Szene wie die bundesdeutsche Politmaschinerie. Die Geschichte nimmt schnell Fahrt auf und kulminiert in einem nervenaufreibenden Finale.« *P. S. Zeitung*

Rob Alef im Unionsverlag

Das magische Jahr

Ein Mordfall führt Hauptkommissar Pachulke zurück in die Zeit der Berliner Studentenrevolte. Packend, ideenreich, witzig – Rob Alef zeigt, was passiert, wenn die Zeit aus den Fugen gerät. Ein eiskalter Krimi und eine alternative Geschichte der 68er-Bewegung.

Kleine Biester

Für das Wohl ihrer Kinder ist manchen Eltern jedes Mittel recht. Rob Alefs feinsinniger Kriminalroman führt in die Welt von Schulsponsoring und Schülermobbing, Elternwahn und Ehrgeiz, wo der Traum von der bestmöglichen Bildung lebensbedrohliche Gefahren erzeugt.

Immer schön gierig bleiben

Mieten, die ins Unermessliche steigen, Biosupermärkte, die wie Pilze aus dem Boden schießen, Touristen, die zu Tausenden die Stadt bevölkern – Berlin ist zu einem einzigen großen Investment geworden. Im Gewebe der Metropole jagen die Ermittler um Hauptkommissar Pachulke einen Mörder, der nicht nur die Stadt als seine Beute begreift.

»Berlin, wie es boomt und stirbt.« *Der Tagesspiegel*

»Krimi mischt sich bei Alef mit Fantastik, gesellschaftskritischer Satire und einer Prise Science-Fiction – und das alles zum Brüllen komisch! Ganz ungetrübt ist das Lachen aber nicht – zu sehr schimmern hinter einigen ironisch überhöhten Stadtbeschreibungen reale Veränderungen durch, denen wir ausgesetzt sind. Spannung vom Feinsten.« *Die Zeitschrift*

Mehr über Autor und Werk auf *www.unionsverlag.com*

Jürgen Heimbach im Unionsverlag

Die Rote Hand

Der ehemalige Fremdenlegionär Streich verbringt seine Tage als Wachmann schäbiger Garagen. Was darin geschieht, interessiert ihn nicht. Als aber ein Waffenhändler, der die algerische Befreiungsfront beliefert, ermordet wird, kann er die Machenschaften nicht mehr ignorieren und stößt auf Vorgänge, die besser im Verborgenen geblieben wären.

Vorboten

Wieland Göth kehrt nach dem Ersten Weltkrieg in sein Heimatdorf zurück. In den schlammigen Straßen patrouillieren französische Soldaten, ein Mord an einem Separatisten sät Unruhe. In Hinterzimmern fordern nationale Kräfte die Freiheit des deutschen Volkes. Wieland gerät zwischen die Fronten und muss bald nicht nur sein eigenes Leben schützen.

»Im Stil Hemingways beschreibt der Autor schnörkellos und dennoch poetisch die Szenen, die Stadt, die Gewalt. Tief stechen Heimbachs Sätze, Wörter und Charaktere in das Herz des Lesers.« *Jury des Glauser-Preises*

»Ein feiner Beobachter und ein Fachmann des literarischen Kriminalromans.« *We Want Media*

Mehr über Autor und Werk auf *www.unionsverlag.com*

Petra Ivanov im Unionsverlag

Flint & Cavalli ermitteln

Erster Funke Flint und Cavalli – Wie alles begann
Fremde Hände Flint und Cavalli ermitteln im Rotlichtmilieu
Tote Träume Flint und Cavalli ermitteln gegen die Brandstifter
Kalte Schüsse Flint und Cavalli ermitteln gegen die russische Mafia
Stille Lügen Flint und Cavalli ermitteln in Georgien
Tiefe Narben Flint und Cavalli ermitteln gegen einen Insider
Leere Gräber Flint und Cavalli ermitteln in Argentinien
Heiße Eisen Flint und Cavalli ermitteln in besten Kreisen
Alte Feinde Flint und Cavalli ermitteln im Reservat
Das Geständnis Ein Regina-Flint-Kurzkrimi

Meyer & Palushi ermitteln

Tatverdacht Meyer und Palushi ermitteln in Kosovo
Hafturlaub Meyer und Palushi ermitteln gegeneinander
Täuschung Meyer und Palushi ermitteln in Thailand
Entführung Meyer und Palushi ermitteln zwischen den Fronten

Geballte Wut

Sebastians Leben ist eine einzige Abwärtsspirale. Als er Isabella kennenlernt, scheint sein Leben eine Wende zu nehmen. Doch statt auf sicheren Boden, führt ihn diese Beziehung aufs Glatteis. Unfähig, sich aufzufangen, schlittert Seb geradewegs in eine Katastrophe.

Schockfrost (gemeinsam mit Mitra Devi)

Die alleinerziehende Psychiaterin Sarah Marten hat ihr Leben im Griff. Doch dann stürzt sie die Treppe hinunter, leidet unter Sehstörungen und Gedächtnislücken. Ihr 15-jähriger Sohn verschwindet. Ein Wettlauf gegen die Zeit beginnt.

John Burdett im Unionsverlag

JITPLEECHEEP ERMITTELT IN BANGKOK

Der Jadereiter

Im brodelnden Bangkok jagt der buddhistische Polizist Sonchai die Mörder von William Bradley, einem skrupellosen amerikanischen Jadehändler. Die Suche gerät zu einer Reise in die eigene Vergangenheit, in die Unterwelt Bangkoks, in die Bordelle des berüchtigten achten Bezirks bis hinein in die Vorzimmer der amerikanischen Botschaft.

Bangkok Tattoo

Die Prostituierte Chanya ist überzeugt, einen Mord begangen zu haben. In ihrem Bett: ein toter Amerikaner, grausam zugerichtet, Mitarbeiter der CIA. Doch Sonchai Jitpleecheep glaubt nicht daran, dass Chanya mit dem Mord etwas zu tun hat. Ein Schuldiger muss her. Da trifft es sich bestens, dass die CIA nur zu gern an einen Terrorakt glaubt.

Der buddhistische Mönch

Nie zuvor hat Sonchai, der Polizist des berüchtigten achten Bezirks von Bangkok, ein Verbrechen mit ansehen müssen, das ihn so erschütterte. In einem Snuff-Video wird eine junge Frau ermordet – die Prostituierte und Sonchais ehemalige Geliebte Damrong. Auf der Suche nach ihren Mördern sieht er sich weitaus größeren Gegnern gegenüber als erwartet.

»Burdetts Stil sorgt für ein ungetrübtes Lesevergnügen – der oft subtile und manchmal auch offene Humor, die eleganten Sätze, die das schillernde Bangkok und seine Bewohner plastisch und drastisch und immer mit einer grandiosen Zärtlichkeit beschreiben.« *Focus*

Xavier-Marie Bonnot im Unionsverlag

Die Melodie der Geister

Der Marseiller Polizeikommandant Michel de Palma, auch »Baron« genannt, soll Licht in den Mord an Dr. Delorme bringen. Warum liegt Freuds Werk *Totem und Tabu* geöffnet vor dem toten Wissenschaftler? Gibt es eine Verbindung zu dessen früheren Reisen nach Neuguinea? Der »Baron« taucht ab in die Tiefen der Marseiller Unterwelt.

Im Sumpf der Camargue

Der Marseiller Polizeikommandant Michel de Palma wird von Ingrid Steinert um Hilfe gebeten: Ihr Ehemann, ein milliardenschwerer Industrieller, ist verschwunden. Kurz darauf wird seine Leiche in den schlammigen Sümpfen der Camargue gefunden. Und es bleibt nicht die einzige Leiche. Ist die Tarasque, das Ungeheuer aus den Sümpfen, mehr als ein Mythos?

Der erste Mensch

Der Archäologe Rémy Fortin erforscht vor der glitzernden Küste der Calanques die Unterwasserhöhlen und ihre urzeitlichen Felszeichnungen, als er schwer verunglückt. Seine letzten Fotos zeigen eine rätselhafte Hirschkopfstatue. Hauptkommissar de Palma begibt sich auf prähistorische Spurensuche und stößt auf Morde, die einem uralten Ritual folgen.

»Dieser Polizist hält nicht viel von Moral. Nach der Lektüre steht fest: Dies ist der Beginn einer wunderbaren Freundschaft zwischen dem Baron von Marseille und allen, die es noch ernst meinen mit dem Kriminalroman.« *Friedrich Ani*

JEONG YU-JEONG *Sieben Jahre Nacht*

Wie kann ein elfjähriger Junge überleben, wenn alle Welt in ihm den Sohn des »Stauseemonsters« sieht? Des Mannes, der ein Mädchen ermordete und ein ganzes Dorf zerstörte? Einsam und geächtet lebt er in einem Dorf an der Küste. Rätselhafte Besucher tauchen auf. Die Vergangenheit wird aufgerollt. Am Ende ist alles anders, als es schien.

MICHAEL DIBDIN *Entführung auf Italienisch*

Kommissar Aurelio Zen reist für einen Spezialauftrag nach Perugia: Ruggero Miletti, das Haupt einer der mächtigsten Familien Italiens, wurde entführt. Alles scheint sich gegen den Neuankömmling aus Rom verschworen zu haben. Doch im Kampf gegen Korruption und Mafia entwickelt Aurelio Zen seine wahren Qualitäten.

NII PARKES *Die Spur des Bienenfressers*

In einem Dorf im Hinterland Ghanas, in dem sich seit Jahrhunderten kaum etwas verändert hat, verschwindet ein Mann. Der Städter Kayo, der den Glauben der Dorfbewohner an Übersinnliches nicht teilt, wird mit der Aufklärung beauftragt – muss jedoch bald einsehen, dass westliche Logik und politische Bürokratie ihre Grenzen haben.

CLAUDIA PIÑEIRO *Betibú*

Inmitten einer idyllischen Wohnsiedlung wird ein Unternehmer mit aufgeschlitzter Kehle in seinem Lieblingssessel aufgefunden. Im ersten Moment deutet alles auf Selbstmord hin, doch schon bald erwachsen Zweifel. – Claudia Piñeiro nimmt mit scharfem Blick das Verhältnis zwischen Medien und politischer Macht unter die Lupe.